U0737699

"十三五"职业院校工业机器人专业新形态系列教材

工业机器人装调与维修技术

（微课视频版）

主　编　潘常春　刘朝华
副主编　龙珊珊　韦　俊　张建国
参　编　陈　栋　王　辉　王　岗　李金亮

机械工业出版社

本书作为"十三五"职业院校工业机器人专业新形态系列教材之一，通过9个项目介绍了工业机器人装调与维修技术。主要内容包括：工业机器人概述、工业机器人安装基础、工业机器人的机械结构和原理认知、工业机器人的机械安装与调试、工业机器人的电气结构和原理认知、工业机器人的电气安装与调试、工业机器人的安全使用、工业机器人的维护保养和工业机器人的故障排查。

本书还采用了微视频讲解的全新教学模式，读者使用手机扫描书中的二维码，即可观看相应的教学视频。

本书可作为职业院校自动化专业、工业机器人专业、机电一体化专业的教学用书，也可供电气技术人员参考。

图书在版编目（CIP）数据

工业机器人装调与维修技术：微课视频版/潘常春，刘朝华主编. —北京：机械工业出版社，2018.10（2024.1重印）

"十三五"职业院校工业机器人专业新形态系列教材

ISBN 978-7-111-61611-5

Ⅰ.①工⋯　Ⅱ.①潘⋯②刘⋯　Ⅲ.①工业机器人—安装—职业教育—教材②工业机器人—调试方法—职业教育—教材③工业机器人—维修—职业教育—教材

Ⅳ.①TP242.2

中国版本图书馆CIP数据核字（2018）第289452号

机械工业出版社（北京市百万庄大街22号　邮政编码100037）

策划编辑：陈玉芝　王振国　责任编辑：王振国

责任校对：李　杉　　　　封面设计：张　静

责任印制：孙　炜

北京中科印刷有限公司印刷

2024年1月第1版第7次印刷

187mm×260mm · 10.75印张 · 294千字

标准书号：ISBN 978-7-111-61611-5

定价：39.90元

电话服务　　　　　　　　　网络服务

各服电话：010-88361066　机　工　官　网：www.cmpbook.com

　　　　　010-88379833　机　工　官　博：weibo.com/cmp1952

　　　　　010-68326294　金　书　网：www.golden-book.com

封面无防伪标均为盗版　机工教育服务网：www.cmpedu.com

前　言

现阶段我国制造业正在进行从低端向中、高端的结构调整和产业升级。工业机器人作为先进制造业中的重要装备和手段，在这种结构调整和产业升级中将起到不可替代的作用。但是，目前企业急需大量的从事工业机器人生产线日常维护、调试、修理等工作的专业技能型人才，尤其是掌握新的机器人安装、调试、维修技术的工人。只有人与机器两方面的因素充分协同合作，才能为企业创造更高的工作效率和价值。

本书作为学习工业机器人装调与维修技术的初级教材或自学参考书，共由9个项目组成，即工业机器人概述、工业机器人安装基础、工业机器人的机械结构和原理认知、工业机器人的机械安装与调试、工业机器人的电气结构和原理认知、工业机器人的电气安装与调试、工业机器人的安全使用、工业机器人的维修保养和工业机器人的故障排查。书中穿插大量典型实例，以便读者扎实掌握、细心体会。

本书基于项目化教学，以实现教学目标为主线，把每个项目划分成不同的教学任务，每个教学任务都对应着不同的岗位能力，任务载体来源于企业生产实践并经过一定的教学设计，包含更加丰富的教学内涵。同时，本书将围绕教学任务设计的知识和能力目标，分解成相关知识点，相关知识点承载着基本能力和素质的培养，以更好地提升学生的操作能力和整体素质。

本书由潘常春、刘朝华任主编，龙珊珊、韦俊、张建国任副主编，陈栋、王辉、王岗和李金亮参与编写。

限于编写时间和编者的水平，书中难免存在疏漏和不足之处，敬请广大读者指评指正。

编　者

目　录

Chapter 1

项目 **1**

工业机器人概述

学习目标

1）掌握工业机器人的定义。
2）了解工业机器人的起源和发展历程。
3）了解工业机器人的产业发展现状。
4）熟悉工业机器人的技术应用现状。
5）了解工业机器人的发展趋势。
6）熟悉工业机器人的常见分类及其特点。

任务1　认识工业机器人

任务描述

自工业革命以来，人力劳动逐渐被机械和自动化产品所取代，这极大地推动了人类社会的发展和进步。不同国家和行业对工业机器人均有各自的定义，我们需要对这些定义进行充分的理解，并且从中找到共同点，总结出工业机器人的特性。本任务的逻辑结构如下：

工业机器人的定义 ⟶ 工业机器人的特性

相关知识

什么是工业机器人？由于工业机器人正在蓬勃发展，新的机型和功能还在不断涌现，关于工业机器人的定义，各国仍未达成一致。

工业机器人作为机器人学的一个分支，将计算机、控制论、机构学、信息和传感技术、人工智能、仿生学等学科综合于一体，是现代制造业重要的自动化装备。为了规定技术、开发机器人新的工作能力和比较不同国家的成果，就需要对工业机器人这一术语有某些共同的理解。目前，对工业机器人的定义主要有以下几种：

（1）美国机器人工业协会（RIA）的定义　机器人是一种用于移动各种材料、零件、工具或专用装置的，通过可编程序动作来执行各种任务的，并具有编程能力的多功能机械手（manipulator）。

（2）日本工业机器人协会（JIRA）的定义　工业机器人是一种装备有记忆装置和末端执行器（end effector）的，能够转动并通过自动完成各个移动来代替人类劳动的通用机器。

（3）国际标准化组织（ISO）和中国国家标准的定义　工业机器人是一种能自动定位控制，可重复编程，多功能的、多自由度的操作机，能搬运材料、零件或操持工具来完成各种作业。

尽管不同国家和组织对工业机器人的定义不同，但基本上都指明了工业机器人具有以下4个共同点：

1）作为一种机械装置，可以搬运材料、零件、工具，或者完成多种操作和动作功能。

2）可以再编程，具有多种多样的流程程序，可从事多种工作，可灵活改变动作程序。

3）具有不同程度的智能，如记忆、决策、感知、推理、学习等。

4）具有独立性，完整的机器人系统在工作中可以不依赖于人的干预。

不管工业机器人的解释和定义如何，人们开发与研究它的最终目标是一致的，那就是研制出一种能够结合人的所有动作特性——通用性、柔软性、灵活性的自动机械。

任务2　探索工业机器人的历史

任务描述

从古代的神话传说，到现代的科幻小说、戏剧、电影和电视，都有许多关于机器人的精彩描绘。目前，机器人迈入高速发展的时代。我们需要了解机器人的悠久历史和阿西莫夫提出的"机器人三定律"，并熟悉现代工业机器人的重要发展事件。本任务的逻辑结构如下：

古时机器人的雏形和畅想 → 现代工业机器人的发展历程

相关知识

人类对于机器人的梦想已延绵数千年。据传，公元前3世纪，古希腊发明家代达罗斯用青铜为克里特岛国王麦诺斯塑造了一个守卫宝岛的青铜卫士塔罗斯。

《列子·汤问》中记载，西周时期的能工巧匠偃师发明了能歌善舞的偶人，这是我国最早有关机器人概念的资料。

到了三国年间，在《三国志·后主传》中有诸葛亮使用"木牛流马"运输粮草的记载，在《三国志·蜀志·本传》裴注引《诸葛亮集》中，则记载了木牛流马这种工具，"人行六尺，牛行四步。载一岁粮，日行二十里而人不大劳"。木牛流马虽已失传，但其明显具有机器人的功能和结构。

到了现代，机器人更是频繁出现在科幻小说和电影中。1920年，捷克剧作家卡雷尔·恰佩克在他的幻想情节剧《罗萨姆的万能机器人》中第一次提出"机器人"这个名词。

1950年，美国著名科学幻想小说家艾萨克·阿西莫夫在他的小说《我，机器人》中，提出了著名的"机器人三定律"：

1）机器人必须不危害人类或看到人类受到伤害而袖手旁观。

2）机器人必须绝对服从于人类，除非这条命令与第一条相矛盾。

3）机器人必须保护自身不受伤害，除非这种保护与以上两条相矛盾。

现代机器人的研究始于20世纪中期，计算机和自动化技术的发展，以及原子能技术的开发和利用，使现代工业机器人发展十分迅速。现代工业机器人发展阶段中发生的重要事件见表1-1。

表 1-1　现代工业机器人发展阶段中发生的重要事件

时间/年	领域	事件
1955	理论	丹纳维特和哈顿贝格提出了工业机器人的运动学基础——齐次变换
1956	理论	美国人乔治·德沃尔设计并制作了世界上第一台可编程的机器人，并申请了专利
1959	工业	美国发明家约瑟夫·英格伯格和乔治·德沃尔联手制造出世界上第一台工业机器人 Unimate，见图 1-1
1960	工业	世界上第一家机器人制造工厂 Unimation 公司成立
1962	工业	美国 AMF 公司生产出"VERSTRAN"（意思是万能搬运），与 Unimate 一样成为真正商业化的工业机器人，掀起了全世界对机器人和机器人研究的热潮
1962～1963	技术	传感器的应用提高了工业机器人的可操作性
1965	技术	美国麻省理工学院推出了世界上第一个具有视觉传感器、能识别与定位简单积木的机器人系统
20 世纪 60 年代中期	技术	美国麻省理工学院、斯坦福大学、英国爱丁堡大学等陆续成立了机器人实验室。美国兴起研究第二代带传感器、"有感觉"的机器人，并向人工智能进发
1967	理论	日本成立了人工手研究会（现改名为仿生机构研究会），同年召开了日本首届机器人学术会
1968	技术	美国斯坦福研究所成功研发出机器人 Shakey，它可以算是世界上第一台智能机器人，拉开了第三代机器人研发的序幕
1969	技术	日本早稻田大学加藤一郎实验室研发出第一台以双脚走路的机器人
1970	理论	美国召开了第一届国际工业机器人学术会议，在此以后，机器人的研究得到迅速和广泛的普及
1971	理论	日本工业机器人协会成立
1973	工业	辛辛那提·米拉克隆公司的理查德·豪恩制造了第一台由小型计算机控制的工业机器人，它是液压驱动的，能提升的有效负载达 45kg
1978	工业	美国 Unimation 公司推出通用工业机器人 PUMA，标志着工业机器人技术已经完全成熟
		日本人牧野洋发明 SCARA 装配机器人
1980	工业	工业机器人真正在日本普及，故称该年为"机器人元年"。此后，工业机器人在日本迅速发展，日本因此被称为"机器人王国"
1984	民用	美国发明家约瑟夫·英格伯格推出一种能在医院里为病人送饭、送药、送邮件的机器人 Helpmate
1998	民用	丹麦乐高公司推出机器人（Mind-storms）套件，让机器人制造变得跟搭积木一样，相对简单又能任意拼装，使机器人开始走入普通大众的生活
1999	民用	日本索尼公司推出犬型机器人爱宝（AIBO），从此具备娱乐功能成为机器人迈进普通家庭的途径之一
2002	民用	美国 iRobot 公司推出了吸尘器机器人 Roomba，它能避开障碍，自动设计行进路线，还能在电量不足时，自动驶向充电座
2006	民用	微软公司推出 Microsoft Robotics Studio，机器人模块化、平台统一化的趋势越来越明显，比尔·盖茨甚至预言，家用机器人很快将席卷全球
2007	民用	法国 Aldebaran 机器人公司对外公开展示了一款小型拟人化机器人"Nao"
2013	民用	全球首例由人造器官合成的仿生人诞生，仿生技术成为机器人领域专家学者的研究热点
2015	民用	谷歌在 2013 年收购 8 家机器人公司之后，又在 2015 成功申请一项新的专利——"计算机系统"，该系统通过云技术帮助，允许用户同时为多个机器人分配任务

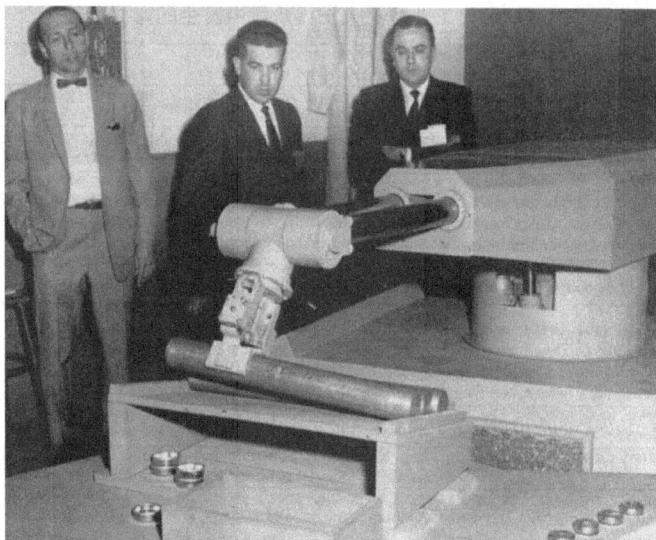

图 1-1 世界上第一台工业机器人 Unimate

扩展知识

艾萨克·阿西莫夫（1920—1992），美国著名科幻小说家、科普作家、文学评论家，美国科幻小说黄金时代的代表人物之一。

阿西莫夫被认为是一位反对伪科学、超自然现象和宗教迷信的先锋斗士。他自称是科幻小说中"属于比较认真的那一派"，强调作品的科学性，反对粗制滥造和毫无根据的胡思乱想。他的科幻作品不仅牢固地建立在科学的预测基础之上，而且还具有高度的思想性和艺术性，真正反映了科学技术的发展及其对人类社会的进步所产生的巨大影响，帮助人们扩大视野，创造性地思索未来，向未知的领域延伸、拓展。

在阿西莫夫刚开始写机器人小说时，机器人学尚未发展出来，等到这门科技发展得有相当成果时，几乎每一本有关机器人学发展史的书籍都提到他、他的小说与他发明的"机器人三定律"，他提出的"机器人三定律"被称为"现代机器人学的基石"。

任务3 知晓工业机器人的现在

任务描述

目前，工业机器人已成为世界制造大国争先抢占制高点的重要工具。我们可以从销量、行业分布、各国使用密度等方面了解全球工业机器人产业发展现状，并从各类技术的应用中了解工业机器人智能化和多样化的技术应用现状。本任务的逻辑结构如下：

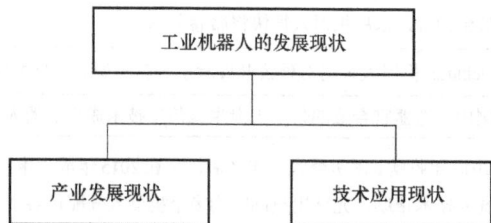

```
            工业机器人的发展现状
                   │
         ┌─────────┴─────────┐
     产业发展现状          技术应用现状
```

相关知识

1. 工业机器人的产业发展现状

国际机器人联合会（IFR）于 2016 年 6 月 22 日发布的一组新数据显示，2015 年全球工业机器人销量年增 12%，达到 24.8 万台，有史以来首次突破 24 万台大关，我国以 6.8 万台的用量成为工业机器人的第一大市场。2002 ～ 2015 年全球工业机器人销量的变化情况见图 1-2，从图中可以看出，自 2010 年以来，由于自动化趋势的持续推进以及工业机器人技术的不断创新，全球对工业机器人的需求量不断增长。

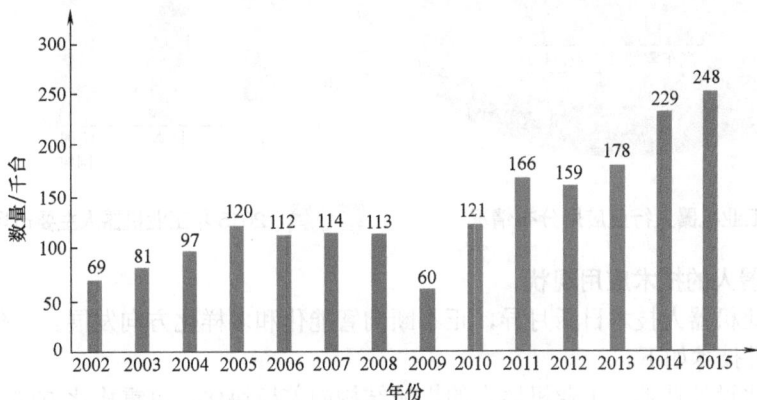

图 1-2　2002 ～ 2015 年全球工业机器人销量的变化情况

在所有行业中，工业机器人的销量都有所增长，而汽车产业和电气/电子行业是推动这一增长的主要驱动力。按需求来看，电机与电子、金属、橡胶与树脂等行业拉动了整体增速。2014 年世界各行业工业机器人增长量占有比例见图 1-3。

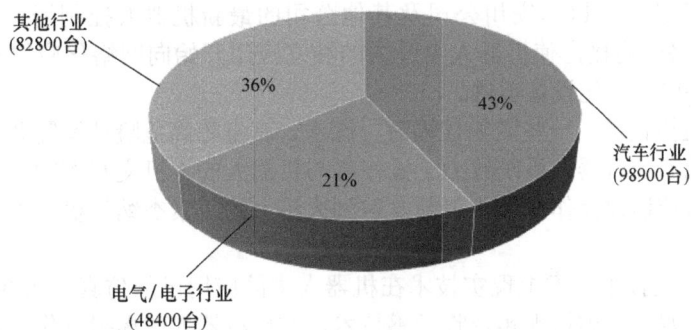

图 1-3　2014 年世界各行业工业机器人增长量占有比例

近年来工业机器人行业应用分布情况见图 1-4。经过 40 多年的发展，工业机器人已在越来越多的领域得到了应用，如汽车工业、金属制品工业、橡胶及塑料工业、电子电气工业和食品工业等，工业机器人正逐步取代人工操作，主要从事毛坯制造（冲压、压铸、锻造等）、机械加工、焊接、热处理、表面涂覆、上下料、装配、检测及仓库堆垛等工作。

有专家预计，到 2020 年，我国将拥有 30 万台机器人，机器人及系统产值将达到 1000 亿元，有望带动 3000 亿元规模的零部件市场。我国机器人市场之所以迎来迅猛的增长势头，一个重要原因是：我国目前工业机器人使用密度仍然远低于全球平均水平。2015 年工业机器人主要市场使用密度的对比图见图1-5。全球工业机器人销售总量的70%分布在五个国家：中国、日本、美国、韩国和德国。其中，我国仅有36台/千人的工业机器人使用密度，不到韩国的1/10，与世界平均水平的66台/千人也有较大差距。由于较低的使用密度，我国有大量的工作岗位等待机器人的替代。

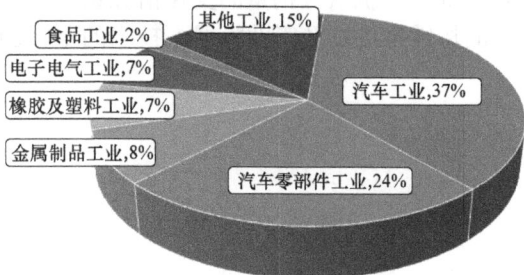

图1-4　工业机器人行业应用分布情况

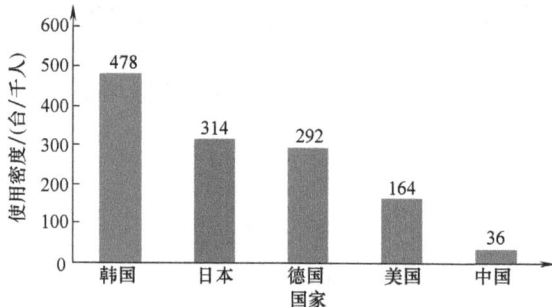

图1-5　2015年工业机器人主要市场使用密度的对比

2. 工业机器人的技术应用现状

近年来工业机器人技术日新月异，正不断向智能化和多样化方向发展。具体而言，工业机器人现有的先进技术如下。

（1）模块化设计技术　工业机器人的机械结构向着模块化、可重构化方向发展，大大提高了系统的可靠性、易操作性和可维修性，如关节模块中的伺服电动机、减速机、检测系统三位一体化，可以实现由关节模块、连杆模块用重组方式构造机器人整机。

（2）传感技术　除采用传统的位置、速度、加速度等传感器外，装配机器人和焊接机器人还应用了激光传感器、视觉传感器和力觉传感器，实现了焊缝自动跟踪和自动化生产线上的自动定位以及精密装配作业等。遥控机器人则采用视觉、声觉、力觉、触觉等多传感器的融合技术来进行环境建模及决策控制。

（3）网络通信技术　日本安川公司及其他公司的最新机器人控制器已实现了与Canbus、Profibus及一些网络的连接，使机器人由过去的独立应用开始向网络化应用发展，也使机器人由过去的专用设备向标准化设备迈进。

（4）遥控和监控技术　一些诸如核辐射、深水、有毒等高危险环境需要使用遥控机器人代替人去作业。当代遥控机器人系统致力于操作者与机器人的人机交互控制，即遥控加局部自主系统构成完整的监控遥控操作系统，美国发射到火星上的"索杰纳"机器人就是这种系统成功应用的著名案例。

（5）虚拟机器人技术　虚拟现实技术在机器人中的应用已从仿真、预演发展到过程控制，基于多传感器、多媒体、虚拟现实及临场感技术，实现机器人的虚拟操作和人机交互，如使操作者产生置身于远端作业环境中的感觉来操纵遥控机器人。

（6）多智能体调控技术　多智能体技术的目的在于解决大型、复杂的现实问题，通常解决这类问题已超出了单个智能体的能力。该技术主要针对多智能体的群体体系结构、相互间的通信与磋商机理、感知与学习方法、建模和规划、群体行为控制等方面进行研究。

扩展知识

美的集团：持有库卡集团股份超过50%

据美的集团披露，截至2016年7月6日晚，接受要约收购的库卡集团股份占比已达43.74%，加上之前的已有持股，美的集团所持有库卡集团股份超过50%。

德国库卡机器人公司是全球领先的工业机器人制造商，拥有百年历史。作为全球工业机器人四大家族之一，库卡机器人种类齐全，几乎涵盖了所有负载范围和机器人类型。在汽车制造领域，库卡机器人的市场份额排在全球第一，在一般工业领域机器人的市场份额也位于欧洲前三名。现今的库卡专注于向工业生产过程提供先进的自动化解决方案。图1-6所示为2015年东京国际机器人展览会上库卡公司所展示的机器人。

图1-6　2015年东京国际机器人展览会上的库卡机器人

中国工业转型升级催生了旺盛的工业机器人需求。但目前"四大家族"占据全球工业机器人60%以上的市场份额，在核心技术和关键零部件研发上处于绝对领先地位，而中国国产厂商还没有叫阵"四大家族"的实力。美的集团董事长方洪波强调，美的会保持库卡的独立上市地位和管理团队稳定，希望通过合作进一步驱动业务增长，尤其在中国市场的份额占有率。美的集团对库卡的收购，被视为中国国产工业机器人在海外企业技术壁垒下突围的关键之战。

任务4　展望工业机器人的未来

任务描述

无论是美国的"先进制造"、德国的"工业4.0"，还是我国的"中国制造2025"，都将发展工业机器人列为产业转型升级和智能制造的重点方向。我们可以从产业发展和技术角度预测工业机器人的发展趋势。

相关知识

从产业发展角度来看，未来工业机器人将应用到更多的行业领域。国际机器人联盟预测，为了使生产体制更加灵活，以及应对大量生产消费品的需求增长，今后工业机器人仍将保持两位数的速度增长。到2018年年底，全球工业机器人的运行台数将达到约230万台，扩大至2009年的2.3倍。

从技术角度来看，由于多数工业产品使用寿命逐渐缩短，而品种需求增多，这就促使产品的生产要从传统的单一品种大批量生产逐步向多品种小批量柔性生产过渡，由各种加工装备、机器人、物料传送装置和自动化仓库组成的柔性制造系统转向由计算机统一调度的更大规模的集成制造系统。目前，工业上运行的90%以上的机器人，都不具有智能。随着工业机器人数量的快速增长和工业生产的发展，人们对机器人的工作能力也提出了更高的要求。从近几年工业机器人制造商推出的产品来看，工业机器人技术正在向智能化、模块化和系统化的方向发展。其发展趋势主要有以下几点：

1）机械结构的模块化、可重构化。
2）控制系统的开放化、计算机化和网络化。
3）伺服驱动技术的数字化和分散化。
4）多传感器融合技术的实用化。
5）工作环境设计的优化和作业的柔性化。

工业机器人产业是一个处于快速成长中的新兴产业，随着机器人技术的不断发展和日臻完善，它必将对未来生产和社会发展起到越来越重要的作用。正如美国机器人协会（RIA）主席杰夫·伯恩斯坦所说的那样："当今机器人产业迎来了前所未有的机遇。机器人产业的持续增长将为越来越多的人提供就业机会，而不是抢夺他们的饭碗，很多企业表示离开机器人及相关自动化装备则无法存活。"

任务5　认识工业机器人的家族

任务描述

工业机器人的家族成员非常庞大，涉及生产制造的方方面面。工业机器人可以按照技术等级、机构特征、控制方式、自由度、程序输入方式、运动控制方式、驱动方式和用途等进行分类，我们应熟悉每种分类下各种机器人的特点。本任务的逻辑结构如下：

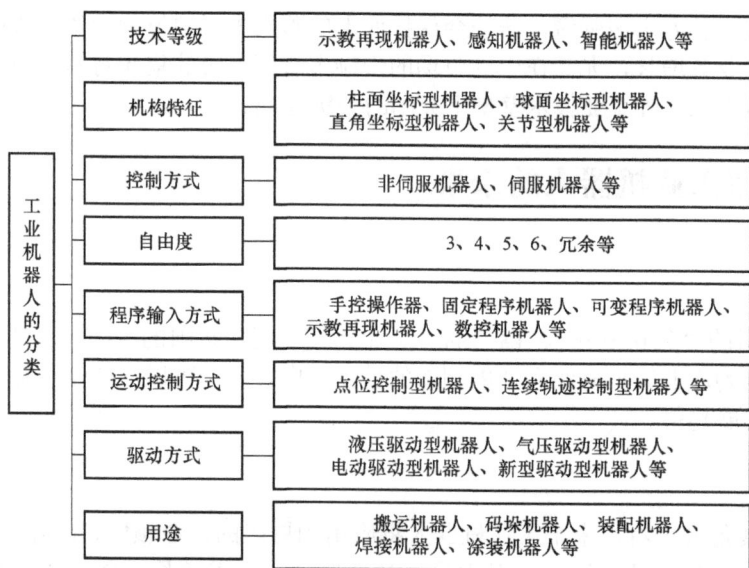

相关知识

1. 按技术等级分类

（1）示教再现机器人　该类机器人能够按照人类预先示教的轨迹、行为、顺序和速度重复作业。如操作人员抓住机器人上的喷枪，沿喷漆路线示范一遍，机器人便记住了这一连串动作，工作时，自动重复这些动作，从而完成给定位置的喷漆工作。或者操作人员利用控制面板上的开关或键盘来控制机器人一步一步地运动，机器人便自动记录下每个步骤，然后重复。

（2）感知机器人　该类机器人具有环境感知装置，能在一定程度上适应环境的变化。以焊接机器人为例，为保证焊接位置的准确性，采用了焊缝跟踪技术，通过传感器感知焊缝的位置，再通过反馈控制，机器人就能够自动跟踪焊缝，从而对示教的位置进行修正，即使实际焊缝相对于原始设定的位置有变化，机器人仍然可以很好地完成焊接工作。

（3）智能机器人　该类机器人具有发现问题和自主解决问题的能力。这类机器人具有多种传感器，不仅可以感知自身状态，比如所处的位置、自身的故障情况等，而且能够感知外部环境的状态，比如自动检测路况、测出协作机器的相对位置、相互作用力等。更为重要的是，能够根据获得的信息，进行逻辑推理、判断和决策，在变化的内部状态与外部环境中，自主决定自身的行为。

2. 按机构特征分类

（1）柱面坐标型机器人　该类机器人主要由旋转基座、垂直移动轴和水平移动轴构成，见图1-7。水平机械手安装在垂直柱子上，能伸缩和上下移动。垂直柱子和水平机械手作为一个整体能在底座上移动，具有一个回旋和两个平行自由度，其动作轨迹呈圆柱面。该类机器人工作范围较大、运动速度较高，但随着水平臂沿水平方向伸长，其线位移分辨精度越来越低。

（2）球面坐标型机器人　该类机器人又称为极坐标型机器人，其空间位置分别由旋转、摆平和平移3个自由度确定。机械手能够里外伸缩移动、在垂直平面上摆动以及在水平面绕底座转动，形成的动作轨迹呈球面的一部分，见图1-8。这类机器人比柱面坐标型机器人更为灵活，并能扩大机器人的工作空间，但旋转关节反映在末端执行器上的线位移分辨率是一个变量。

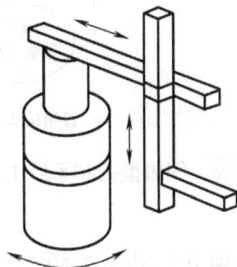

图 1-7　柱面坐标型机器人动作示意

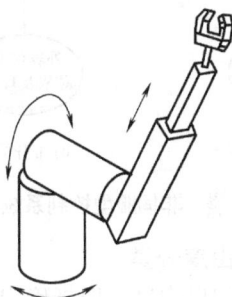

图 1-8　球面坐标型机器人动作示意

（3）直角坐标型机器人　该类机器人的运动部分是由3个互相垂直的直线移动机构组成的，见图1-9，通过直角坐标方向的3个独立自由度确定其手部的空间位置，其动作轨迹为长方体。这类机器人的控制简单、运动直观性强，易达到高精度，但操作灵活性差、运动速度低，操作范围较小且占据的空间范围相对较大。

（4）关节型机器人　该类机器人由多个旋转和摆动机构组成，包括底座、上臂和前臂，见图1-10。上臂和前臂可在通过底座的垂直平面上运动，其中前臂和上臂通过肘关节连接，上臂和底座通过肩关节连接，可通过肩关节或底座旋转来实现水平运动。这类机器人的操作灵活性、运动速度较高，操作范围大，但受手臂位姿的影响，较难实现高精度运动。

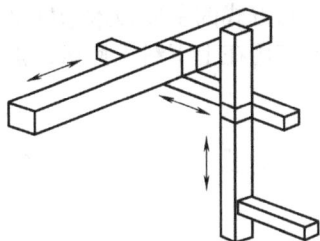

图 1-9　直角坐标型机器人动作示意

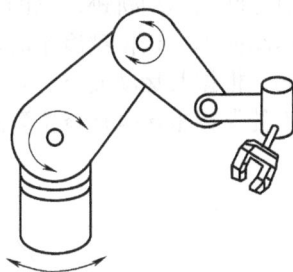

图 1-10　关节型机器人动作示意

3. 按控制方式分类

（1）非伺服机器人　该类机器人工作能力比较有限，它们往往涉及那些叫作"终点""抓放"或"开关"式的机器人，尤其是"有限顺序"机器人。其控制系统工作流程见图1-11。

（2）伺服机器人　该类机器人具有反馈控制系统，比非伺服机器人有更强的工作能力，因而价格较贵，但在某些情况下却不如结构简单的机器人可靠。其控制系统工作流程见图 1-12。

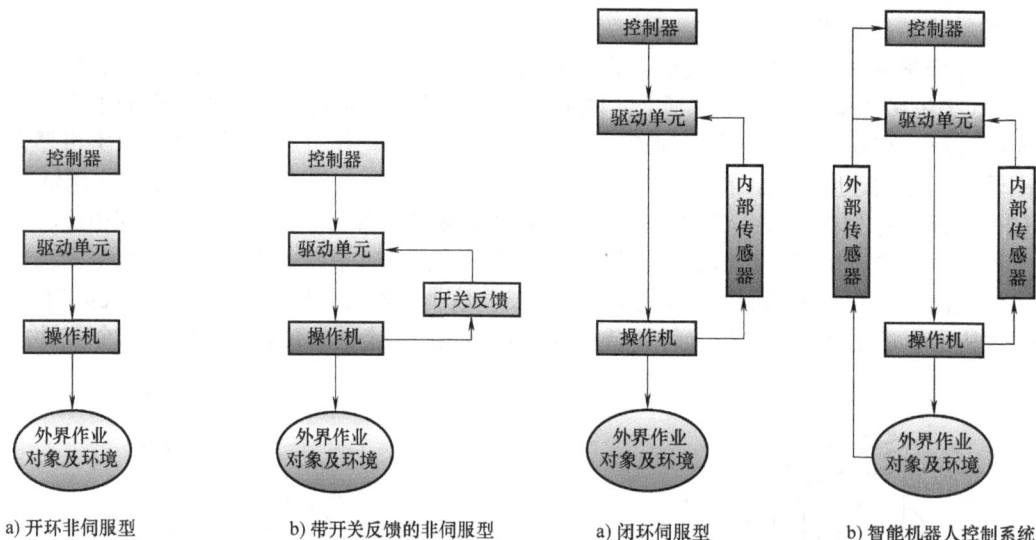

a) 开环非伺服型　　　b) 带开关反馈的非伺服型

图 1-11　非伺服型控制系统工作流程

a) 闭环伺服型　　　b) 智能机器人控制系统

图 1-12　伺服型控制系统工作流程

4. 按自由度分类

机器人的自由度一般指确定机器人手部位置和姿态所需的独立运动参数的数目，常见有以下几种自由度机器人：3 自由度、4 自由度、5 自由度、6 自由度和冗余自由度机器人。

5. 按程序输入方式分类

（1）手控操作器　由操作员操纵的操作器。

（2）固定程序机器人　按照事先设定的作业顺序、条件和位置，逐个执行动作的操作装置，且设定了的信息不能轻易变更。

（3）可变程序机器人　事先设定的作业顺序及其他信息可以方便地变更的操作器。

（4）示教再现机器人　采用示教方式完成编程并记录，机器人可再现示教的全部动作。

（5）数控机器人　将作业信息进行数控编程的可变程序机器人。

6. 按运动控制方式分类

（1）点位控制型机器人　点位运动只控制机器人末端执行器运动的离散点上的位姿，而不关心点与点之间的运动轨迹，见图 1-13。控制时只要求机器人快速、准确地实现相邻各点之间的运动，运动简单、定位精度不高，比较容易实现。这种控制方式的主要技术指标是定位精度和运动时间，根据其运动简单、定位精度不高的特点，常被应用在上下料、搬运、点焊等只要求在目标点处保持末端执行器位姿准确的作业中。

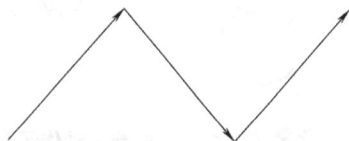

图 1-13　点位控制的轨迹

图 1-14　连续轨迹控制的轨迹

（2）连续轨迹控制型机器人　连续路径运动是指连续地控制机器人末端操作机在作业空间中的位姿，保证其达到目标点的精度及实现沿所期望的轨迹在一定精度范围内重复运动，见图

1-14。连续轨迹控制不仅能在一定精度范围内运动，而且速度可控、轨迹光滑、运动平稳，适用于弧焊、喷漆、去毛边等作业机器人。

7. 按驱动方式分类

（1）液压驱动型机器人 液压驱动机器人以高压油为工作介质，基于其对活塞或叶片的作用获得驱动力。优点是功率大、结构简单，可以省去减速装置而直接与被驱动的杆件相连，使得结构紧凑、响应快，且属于伺服驱动具有较高的精度。但缺点是需要增设液压源，且易产生液体泄漏，不适合高、低温及有洁净要求的场合。目前特大功率且低速的机器人多用液压驱动。

（2）气压驱动型机器人 气压驱动是最简单的驱动方式，其原理与液压驱动相似，但与液压驱动相比，同体积条件下的功率较小且速度不易控制，因此多用于中小负载、快速驱动、精度要求不高但有洁净要求、防爆要求的点位控制机器人。

（3）电动驱动型机器人 电动驱动是利用电动机直接或通过机械传动装置来驱动执行机构的，目前在工业机器人上应用最多的一种驱动方式。早期多采用步进电动机，后来发展成为直流伺服电动机，现在，交流伺服电动机得到了较多应用。

（4）新型驱动型机器人

1）形状记忆合金驱动：形状记忆合金是一种特殊的合金，一旦使它记忆了任何形状，即使产生变形，只要将其加热到某一适当温度时，它就能恢复到变形前的形状。该种驱动方式具有位移较大、功率重量比高、变位迅速、方向自由的特点，尤其适用于小负载、高速度、高精度的机器人，如显微镜内样品的移动装置、反应堆驱动装置、医用设备等。

2）磁致伸缩驱动：磁致伸缩材料置于磁场中时，其几何尺寸会发生变化，通过改变磁场，可使材料收缩或伸展，进而实现驱动。目前磁致伸缩材料的主流是稀土超磁致伸缩材料，具有伸缩效应大、机电耦合系数高、响应速度快和输出力矩大等特点，它的出现为新型驱动装置的研制和开发提供了一种行之有效的方法，引起了国际上的极大关注。

3）超声波电动机驱动：超声波电动机利用压电材料的逆压电效应，将电能转换为弹性体的超声振动，并将摩擦传动转换成运动体的回转或直线运动。与传统电磁式电动机相比，它具有结构简单紧凑、转矩质量比大、低速大转矩、动作响应快、断电自锁和无电磁噪声等优点，但同时它摩擦损耗大、效率低、输出功率小且寿命短。

4）压电驱动：利用在压电陶瓷等材料上施加电压而使其产生变形的压电效应，将电能转变为机械能或机械位移，实现微量位移。压电材料具有易于微型化、控制方便、低压驱动、对环境影响小以及无电磁干扰等优点。压电驱动装置利用电场能实现机器人几微米到几百微米的位移控制，所以一般用于特殊用途的微型机器人系统中。

8. 按用途分类

（1）搬运机器人 所谓搬运机器人是指用一种设备握持工件，从一个加工位置移到另一个加工位置，主要从事自动化搬运作业的机器人。搬运机器人上可安装不同的末端执行器以搬运各种形状和状态的工件。目前搬运机器人在世界范围内被广泛使用，用于机床上下料、冲压自动化生产线、码垛搬运、集装箱装卸等工作，尤其是在高温、高压、粉尘、噪声以及带有放射性和污染的场合被大量使用。

搬运机器人按照结构形式，可分为龙门式搬运机器人、悬臂式搬运机器人、侧壁式搬运机器人、摆臂式搬运机器人和关节式搬运机器人，见图1-15。

（2）码垛机器人 码垛机器人是在工业生产过程中执行大批量工件和包装件的获取、搬运、码垛、拆垛等任务的一类机器人。码垛机器人一般位于生产线的后段，用来处置数量小、品种繁多的货盘，是介于传统码垛机和全自动化码垛设备之间的一种设备。

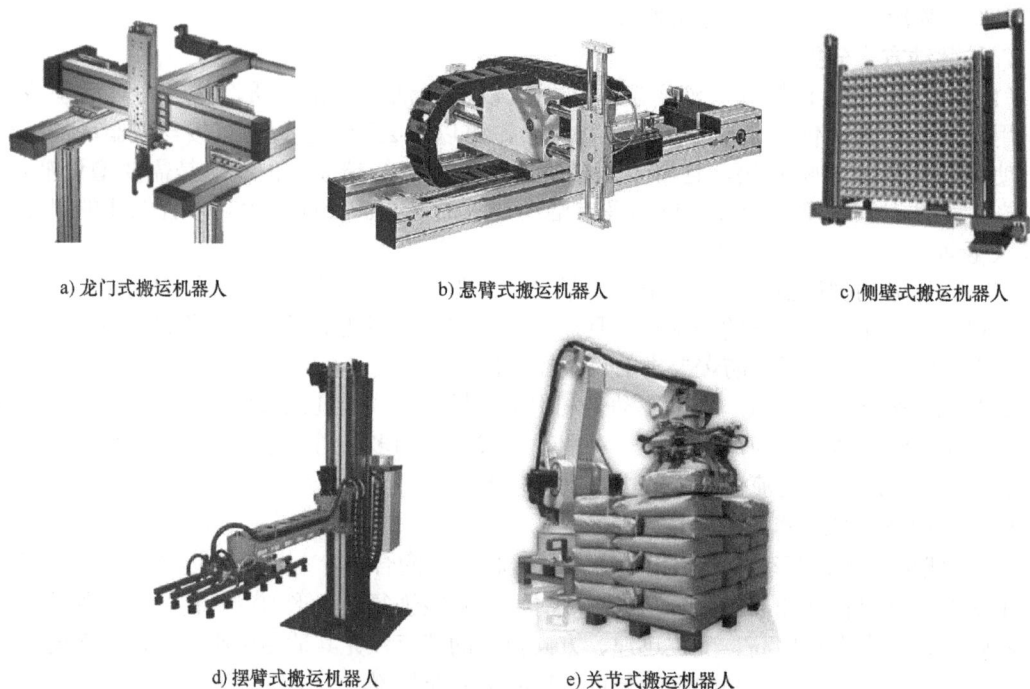

a) 龙门式搬运机器人　　　　b) 悬臂式搬运机器人　　　　c) 侧壁式搬运机器人

d) 摆臂式搬运机器人　　　　e) 关节式搬运机器人

图 1-15　搬运机器人的分类

码垛机器人按照行业可分为食品饮料行业码垛机器人、水泥自动装车码垛机器人和工业品码垛机器人等，按照传动结构可分为混联码垛机器人、并联码垛机器人和关节式串联码垛机器人，见图 1-16。

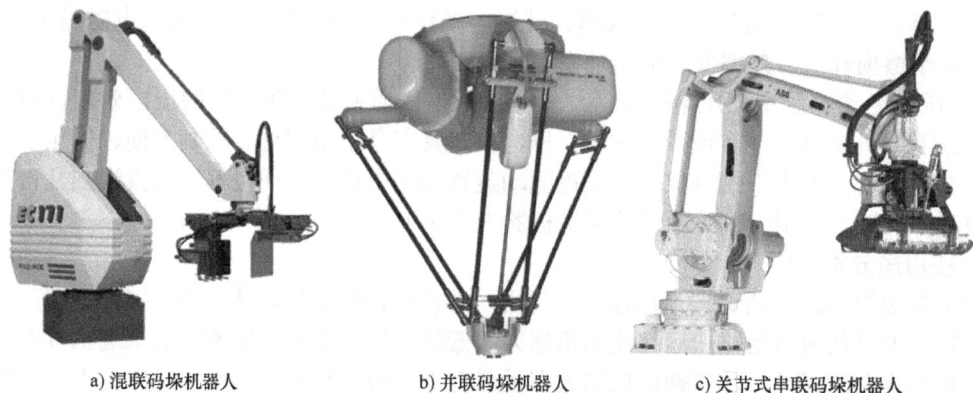

a) 混联码垛机器人　　　　b) 并联码垛机器人　　　　c) 关节式串联码垛机器人

图 1-16　码垛机器人的分类

（3）装配机器人　装配机器人是工业生产中用于装配生产线上对零件进行装配的机器人，主要是通过装入、压入、铆接、嵌合、黏结、涂封和拧螺钉等作业，从而将对应的零件装配成一个部件或产品。主要应用于汽车制造、电子电气、精密机械和航天航空等行业。作为柔性自动化装配的核心设备，装配机器人具有精度高、工作稳定、柔顺性好和动作迅速的优点。

装配机器人按照适用的环境不同，分为普及型和精密型两种。根据臂部的运动形式不同，装配机器人又分为直角坐标型、垂直多关节型和平面关节型，见图 1-17。

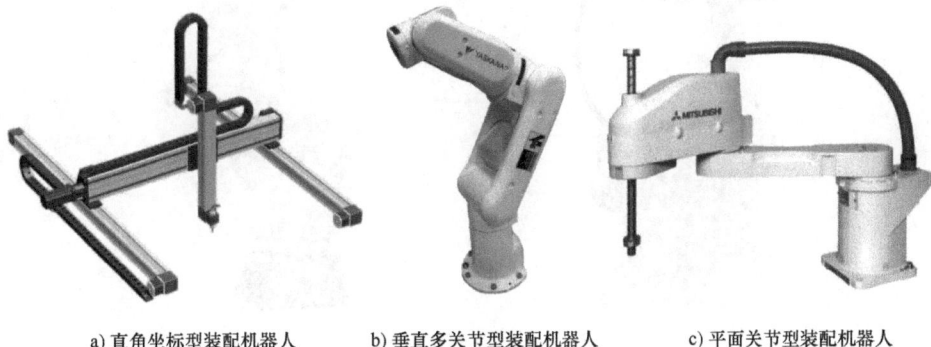

<table>
<tr><td>a) 直角坐标型装配机器人</td><td>b) 垂直多关节型装配机器人</td><td>c) 平面关节型装配机器人</td></tr>
</table>

图 1-17　装配机器人的分类

（4）焊接机器人　焊接机器人是指从事焊接作业（包括切割）的机器人，是在机器人的末端法兰装接焊钳或焊（割）枪，使之能进行焊接、切割工作。为了适应灵活动作的工作要求，焊接机器人通常选用关节型机器人的基本设计，一般具有 6 个自由度，其中 3 个自由度（S/L/U）用于控制焊枪端部的空间位置，另外 3 个自由度（R/B/T）用于控制焊枪的空间姿态。

焊接机器人按照用途可分为点焊机器人、弧焊机器人，见图 1-18。

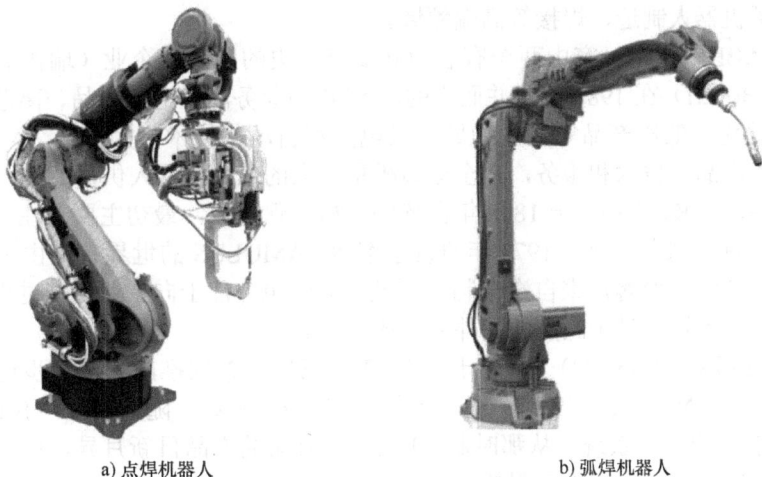

a) 点焊机器人　　　　　　　　　　　　b) 弧焊机器人

图 1-18　焊接机器人的分类

（5）涂装机器人　涂装是现代产品制造工艺中的一个重要环节，主要目的是防锈、防蚀、保证产品的外观质量。涂装过程有许多工序是在有害人体健康的恶劣环境下进行的，如对工件的喷砂、喷丸、密封和喷漆等，这些作业的劳动强度大、技术水平要求高，其中，喷漆作业的涉及面最广、最典型。而涂装机器人作为自动化装备，在喷涂的高效性、质量和使用成本方面具有极大优势，将工人从恶劣的作业环境中解放出来。涂装机器人目前主要应用于汽车、工程机械制造、3C 产品和家具建材等领域。

按照手腕结构的不同，涂装机器人可划分为球形手腕涂装机器人和非球形手腕涂装机器人，见图 1-19。

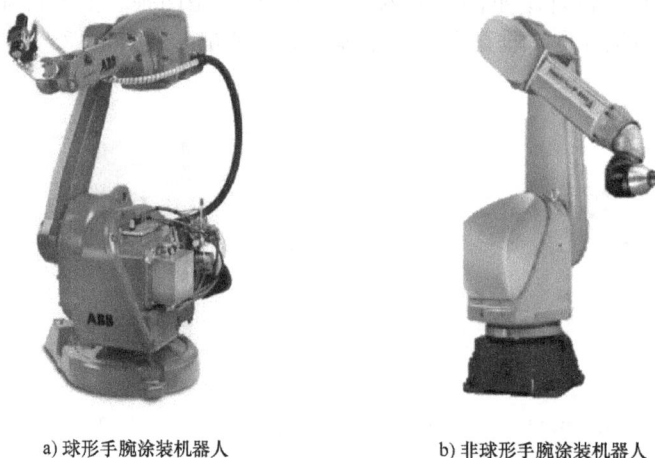

a) 球形手腕涂装机器人   b) 非球形手腕涂装机器人

图 1-19   涂装机器人的分类

扩展知识

工业机器人的四大家族

瑞士 ABB、德国库卡（KUKA）、日本发那科（FANUC）、日本安川电机（YASKAWA）并称为机器人领域的"四大家族"。这些行业巨头占据了中国机器人产业 70% 以上的市场份额，并且几乎垄断了机器人制造、焊接等高端领域。

（1）瑞士 ABB   它是一家由两个有着 100 多年历史的国际性企业（瑞典的 ASEA 和瑞士的 BBC Brown Boveri）在 1988 年合并而成的。ABB 的业务涵盖电力产品、离散自动化、运动控制、过程自动化、低压产品等五大领域，以电力和自动化技术最为著名。ABB 目前拥有最多种类的机器人产品、技术和服务，是全球装机量最大的工业机器人供货商。

（2）德国库卡（KUKA）   于 1898 年在德国奥格斯堡成立，最初主要专注于室内及城市照明，不久后开始涉足其他领域。1973 年研发了名为 FAMULUS 的世界首台由电动机驱动的六轴机器人。库卡公司主要客户来自汽车制造领域，同时也专注于向工业生产过程提供先进的自动化解决方案，此外还涉足于医院的脑外科及放射造影。

（3）日本发那科（FANUC）   创建于 1956 年，三年后首次推出了电液步进电动机，进入 20 世纪 70 年代，FANUC 公司开始转型，成功开发出数控系统。随后，又与 SIEMENS 公司联合开发出更高水平的数控系统。从那时起，FANUC 公司的产品日新月异，成为当今世界上数控系统的设计、制造、销售实力最强的企业之一。

（4）日本安川电机（YASKAWA）   创立于 1915 年，是日本最大的工业机器人公司。1977 年，该公司凭借自主研发的运动控制技术开发生产出了日本第一台全电气化工业机器人，此后又相继开发了焊接、装配、喷漆和搬运等多种自动化作业机器人，并一直引领着全球产业用机器人市场。截至 2015 年 9 月，YASKAWA 公司累计出售机器人突破 28 万台，成为全球机器人销量冠军。

项目小结

各国对于工业机器人的定义都指明了 4 个特点：机械装置、可再编程、具有不同程度的智力、具有独立性。自 2010 年以来，全球对工业机器人的需求量不断增长，汽车和电子电气行业是造成其增长的主要驱动力。中国目前是全球最大的工业机器人市场，但人均使用密度较低，因此市场仍有较大的上升空间。

　　工业机器人当前涉及的先进技术有模块化设计技术、传感技术、网络通信技术、遥控和监控技术、虚拟机器人技术和多智能体调控技术等。经过40多年的发展，工业机器人已广泛应用于各种领域从事毛坯制造（冲压、压铸、锻造等）、机械加工、焊接、热处理、表面涂覆、上下料、装配、检测及仓库堆垛等作业。未来工业机器人将应用到更多的领域，它的需求量也将继续快速上涨。可以预见的是，工业机器人技术将不断朝着智能化、模块化和系统化的方向发展。

　　工业机器人的家族庞大，可以按照技术等级（示教再现型、感知型、智能型）、机构特征（柱面坐标型、球面坐标型、直角坐标型、关节型）、控制方式（非伺服型、伺服型）、自由度（3、4、5、6、冗余）、程序输入方式（手控操作器、固定程序型、可变程序型、示教再现型、数控型）、运动控制方式（点位控制型、连续轨迹控制型）、驱动方式（液压驱动型、气压驱动型、电动驱动型、新型驱动型）、用途（搬运机器人、码垛机器人、装配机器人、焊接机器人和涂装机器人）等进行划分。

检查评议

　　请各小组对本项目的完成情况进行评估，检查评议要点见表1-2。

表1-2　检查评议要点

基本素养（20分）				
序号	评估内容	自评	互评	师评
1	纪律（无迟到、早退、旷课）（10分）			
2	参与度、团队协作能力（5分）			
3	安全规范操作（5分）			
知识理论（80分）				
序号	评估内容	自评	互评	师评
1	对工业机器人定义的掌握程度（6分）			
2	对工业机器人产业发展现状的了解程度（6分）			
3	对工业机器人技术应用现状的熟悉程度（6分）			
4	对工业机器人未来发展方向的了解程度（6分）			
5	对工业机器人按技术等级分类的熟悉程度（6分）			
6	对工业机器人按机构特征分类的熟悉程度（6分）			
7	对工业机器人按控制方式分类的熟悉程度（6分）			
8	对工业机器人按自由度分类的熟悉程度（6分）			
9	对工业机器人按程序输入方式分类的熟悉程度（6分）			
10	对工业机器人按运动控制方式分类的熟悉程度（6分）			
11	对工业机器人按驱动方式分类的熟悉程度（6分）			
12	对工业机器人按用途分类的熟悉程度（14分）			
综合评价				

巩固与提高

1. 填空题

1）工业机器人的控制方式按运动控制的方式，分为_____和_____。

2）在完成某一特定作业时具有多余自由度的机器人叫作_____机器人。

3）焊接机器人指从事焊接作业（包括切割与喷涂）的工业机器人，按照用途可分为_____和_____。

2. 选择题

1）目前应用工业机器人最多的行业是（　　）。

A. 汽车制造　　　　　B. 金属制品　　　　　C. 橡胶及塑料　　　　　D. 电子电气

2）未来工业机器人技术将朝着（　　）方向发展。

①模块化　　　　　②可重构化　　　　　③智能化　　　　　④系统化

A. ①②③　　　　　B. ②③④　　　　　C. ①③④　　　　　D. ①②③④

3）工业机器人按照机构特征，可划分为（　　）。

①柱面坐标型机器人　　　　　　　　②球面坐标型机器人

③直角坐标型机器人　　　　　　　　④关节型机器人

A. ①③④　　　　　B. ①②④　　　　　C. ②③④　　　　　D. ①②③④

3. 思考题

1）各国对于工业机器人的定义各不相同，但都指明了工业机器人具有哪些特点？

2）什么是工业机器人的自由度？

3）简述伺服机器人和非伺服机器人的不同。

4）对于中国未来工业机器人该如何发展，你有什么看法？

Chapter 2

项目 2

工业机器人安装基础

学习目标

1）掌握常见工业机器人安装工具和耗材的类型及操作要点。

2）熟悉工业机器人零部件的安装要求、安装时的环境要求。

3）熟悉安装时关于人身、工业机器人和吊装作业的安全事项。

任务 1　掌握常见工业机器人安装工具及耗材

任务描述

用于工业机器人安装的工具和耗材种类繁多，每个种类又有很多规格，学生应掌握每种安装工具的使用方法和操作注意事项。本任务的逻辑结构如下：

常见工业机器人安装工具及其操作要点		
	螺钉旋具	一字槽螺钉旋具、十字槽螺钉旋具、多用螺钉旋具、内六角螺钉旋具等
	扳手	内六角扳手、套筒扳手、活扳手等
	扭力扳手	
	手钳	尖嘴钳、大力钳、挡圈装卸钳、钢丝钳等
	剥线钳	
	压线钳	
	万用表	
	游标卡尺	
	深度尺	
	千分表	
	手动压力机	
	锤子	圆头锤、塑顶锤、铜锤等
	美工刀	
	吹气枪	
	黄油枪	
	吊装工具和配件	吊环螺钉、钢丝绳、手拉葫芦、钢丝绳电动葫芦等
	工业机器人安装耗材	工业擦拭纸、螺纹紧固剂、密封胶、润滑脂等

相关知识

1. 螺钉旋具

螺钉旋具俗称螺丝刀，主要用来紧固或拆卸螺钉。安装工业机器人时常用的螺钉旋具有一字槽螺钉旋具、十字槽螺钉旋具、多用螺钉旋具和内六角螺钉旋具等，详见表2-1。

表2-1　螺钉旋具的类型

种类	实物图	用途	备注	操作要点
一字槽螺钉旋具	塑料柄　木柄　短柄	用于紧固或拆卸各种标准的一字槽螺钉	木柄和塑料柄螺钉旋具分为普通和穿心式两种。穿心式能承受较大的转矩，并可在尾部用锤子敲击。旋杆设有六角形断面加力部分的螺钉旋具能由相应的扳手夹住旋杆扳动，以增大转矩	螺钉旋具使用要恰当，对十字槽螺钉尽量不用一字槽螺钉旋具，否则不易拧紧甚至会损坏螺钉槽。一字槽螺钉要用刀口宽度略小于槽长的一字槽螺钉旋具。若刀口宽度太小，不仅无法拧紧螺钉，而且易损坏螺钉槽。对于受力较大或螺钉生锈难以拆卸的情况，可选用方形旋杆螺钉旋具，以便能用扳手夹住旋杆扳动，增大转矩
十字槽螺钉旋具		用于紧固或拆卸各种标准的十字槽螺钉	形式和使用方法与一字槽螺钉旋具相似	
多用螺钉旋具		用于旋拧一字槽、十字槽螺钉	可在软质木料上钻孔，有的型号可兼作验电笔用	
内六角螺钉旋具		专用于旋拧内六角螺钉		

2. 扳手

扳手是一种常用的安装与拆卸工具，利用杠杆原理拧转螺钉、螺母和其他螺纹紧固件。工业机器人安装常用的扳手有内六角扳手、套筒扳手和活扳手等，见表2-2。

3. 扭力扳手

扭力扳手（见图2-1）最主要的特征是可以设定转矩，并且转矩可调。在紧固螺钉、螺母等螺纹紧固件时需要控制施加的转矩大小，以保证其紧固且不至于因转矩过大破坏螺纹。

表 2-2　扳手类型

种类	实物图	用途	备注	操作要点
内六角扳手		专门用于安装或拆卸标准内六角螺钉	常用的几种内六角扳手与内六角螺钉配合应牢记，最好能做到有目测能力，一看便知。如 2.5 配 M3、3 配 M4、4 配 M5、6 配 M8、8 配 M10、10 配 M12、12 配 M14、14 配 M16、17 配 M20、19 配 M24、22 配 M30 等	在使用扳手时，应优先选用标准扳手，因为扳手的长度是根据其对应的螺钉所需的拧紧转矩而设计的，转矩大小适中，可以避免损坏螺纹的情况出现。通常对于 5 号以上的内六角扳手允许使用长度合理的管子来接长扳手（管子一般由企业自制）。拧紧螺钉时应防止扳手脱手，以防手或头等身体部位碰到设备而受到伤害
套筒扳手		专门用于安装或拆卸标准六角头螺母、螺钉	适用于空间狭小、位置深凹的工作场合	
活扳手		开口宽度可以调节，用于安装或拆卸一定尺寸范围内的六角头或方头螺钉、螺母	具有通用性强、使用广泛等优点，但操作不方便，安装效率低下，无法满足专业生产与安装的要求	

图 2-1　扭力扳手

（1）扭力扳手的使用方法

1）在使用扭力扳手前，首先要依据测量部件的要求选取适中量程，所测扭力值不可小于扭力器在运用中量程的 20%，太大的量程不宜用于小扭力部件的紧固，小量程的扭力器更不可以超量程运用，否则容易损坏仪器。

2）在使用扭力扳手时，先将受力棘爪衔接好辅助配件（如套筒等），确保连接没有问题。

在加固扭力之前，设定好需要加固的扭力值，并锁好紧锁装置，然后调整好方向转换钮到加力的方向，开始施加平均力，当施加的转矩到达设定值时，扳手会收回并发出"卡塔"声响或者扳手衔接处折弯一点角度，这就代表已经紧固，应停止加力。

3）测量时，手要掌握住把手的无效范围，沿垂直管身方向逐渐加力直至听到抵达已设定的量值后扳手收回的声响。在施力过程中，其垂直度偏差左右不应超过10°，水平方向上下偏差不应超过3°。

4）如果要拧紧螺钉，将方向转换扭往左扳动，拉出"LOCK"然后转动握把，由观察窗确认要拧紧的转矩值，推进"LOCK"以固定转矩值，将套筒套进驱动块，即可使用。反之，如要放松，则将方向转换扭往右扳动。后进行相同的操作即可。

5）如果要拧左牙螺钉，则将扳手头部的四角条向上推（方向转换扭的另一边）重复第1）、第2）步的动作即可。

（2）扭力扳手使用注意事项

① 严禁使用预置式扭力扳手拆卸螺钉或螺母；② 严禁在扭力扳手尾端加接套管延长力臂，以防扭力扳手损坏；③ 根据需要调节所需的转矩，并确认调节机构处于锁定状态；④ 使用扭力扳手时，应均匀缓慢地加载，切不可猛拉猛压，以免造成过载，导致输出转矩失准，在达到预置转矩后，应停止加载；⑤ 预置式扭力扳手使用完毕，应将其调至最小转矩，使测力弹簧充分放松，以延长其使用寿命；⑥ 应避免水分侵入预置式扭力扳手，以防零件锈蚀。

4. 手钳

手钳是利用杠杆原理夹持物件或剪切金属丝的工具。安装工业机器人时常用的手钳有尖嘴钳、大力钳、挡圈装卸钳和钢丝钳等，详见表2-3。

表2-3　手钳类型

种类	实物图	用途	备注	操作要点
尖嘴钳		用于在狭小工作空间夹持小零件和切断或扭曲细金属丝，为仪表、电信器材、家用电器等的装配、维修工作中的常用工具	分为柄部带塑料套与不带塑料套两种	—
大力钳		用于夹紧零件进行铆接、焊接、磨削等加工，也可作扳手使用	钳口可以锁紧，并产生很大的夹紧力，使被夹紧零件不会松脱；钳口有多档调节位置，供夹紧不同厚度零件使用	使用时应先调整其尾部螺钉到合适位置，通常要经过多次调整才能达到最佳位置。容易损伤圆形工件表面，夹持此类工件时应格外注意

（续）

种类	实物图	用途	备注	操作要点
挡圈装卸钳	直嘴式孔用　弯嘴式孔用 直嘴式轴用　弯嘴式轴用	专供安装和拆卸弹性挡圈用	由于挡圈有孔用、轴用之分以及安装部位的不同，可根据需要选用直嘴式或弯嘴式、孔用或轴用挡圈装卸钳	安装挡圈时把尖嘴插入挡圈孔内，用手用力握紧钳柄，对于轴用挡圈即可张开，内孔变大，此时可套入轴上挡圈槽内，然后松开；对于孔用挡圈内孔变小，此时可放入孔内挡圈槽内，然后松开，挡圈弹性回复，即可稳稳地卡在挡圈槽内。拆卸挡圈过程为安装时的逆顺序
钢丝钳		用于夹持或弯折薄片形、圆柱形金属零件及切断金属丝，其旁刃口也可用于切断金属丝	分为柄部不带塑料套（表面发黑或镀铬）和带塑料套两种	—

5. 剥线钳

剥线钳是用来剥掉单股线和多股线线头塑料或橡胶绝缘层的工具，由刀口、压线口和钳柄组成，见图 2-2。

（1）剥线钳的使用方法

①根据电线的粗细型号，选择相应的剥线刀口；②将准备好的电线放在剥线刀口的刀刃中间，选择好要剥去的长度；③握住剥线钳手柄，将电线夹住，缓缓用力将多余的绝缘表皮慢慢剥落；④松开剥线钳手柄，取出电线，此时线芯整齐外露，其余绝缘表皮完好无损。

（2）剥线钳使用注意事项

①操作时请佩戴护目镜；②为了避免断片伤及周围的人和物，请先确认断片飞溅方向再进行操作；③务必锁紧钳口，并在未使用剥线钳时将其放置在幼儿无法拿到的安全位置。

剥线钳的常用规格有 140mm、160mm 和 180mm（都是全长）。

图 2-2　剥线钳

6. 压线钳

压线钳（见图 2-3）是把剥开的线头和接线端子压合在一起的工具。

（1）压线钳的使用方法

① 准备好接线端子，将导线进行剥线处理，裸线长度，与接线端子的压线部位大致相等，见图 2-4。

② 将接线端子的开口方向向着压线槽放入，并使接线端子尾部的金属带与压线钳平齐，见图 2-5。

图2-3 压线钳

图2-4 接线端子与剥开的线头

③ 将导线插入接线端子，对齐后压紧，见图2-6。

图2-5 放置接线端子

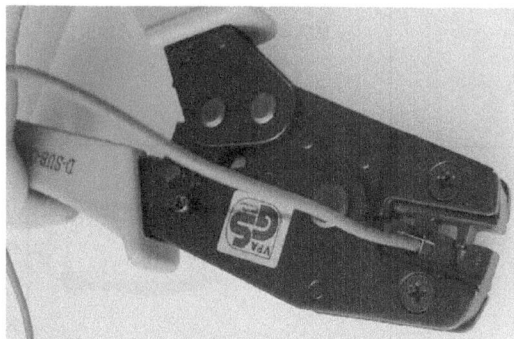

图2-6 压紧导线

④ 将接线端子取出，观察压线效果，掰去接线端子尾部的金属带即可使用，见图2-7。

（2）压线钳使用注意事项

① 操作时请佩戴护目镜。

② 务必锁紧钳口，并在未使用压线钳时将其放置在幼儿无法伸手拿到的安全场所。

7. 万用表

万用表可以测量电压、电流和电阻等参数。工业机器人电气控制柜中有电气设备，在安装时或安装完成后，需要测量其电气性能，如绝缘情况、线路是否接通等，因此需要用到万用表，图2-8所示为一种数字式万用表。

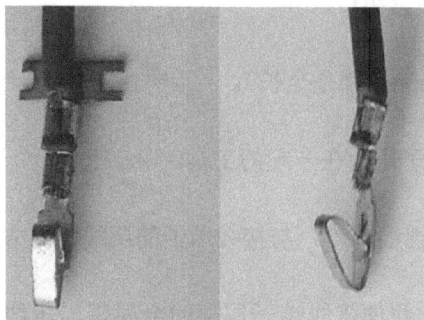

图2-7 完成压线

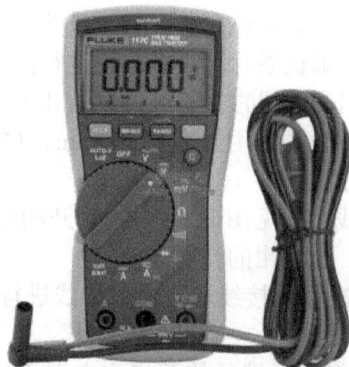

图2-8 万用表

（1）万用表的使用方法

1）以数字式万用表为例，使用前应认真阅读使用说明书，熟悉电源开关、量程开关、插孔和特殊插口的作用。

2）将电源开关置于 ON 位置。

3）交、直流电压的测量：根据需要将量程开关拨至 DCV（直流）或 ACV（交流）的合适量程，红表笔插入 V/Ω 孔，黑表笔插入 COM 孔，并将表笔与被测线路并联，读出示数。

4）交、直流电流的测量：将量程开关拨至 DCA（直流）或 ACA（交流）的合适量程，红表笔插入 mA 孔（＜ 200mA 时）或 10A 孔（＞ 200mA 时），黑表笔插入 COM 孔，并将万用表串联在被测电路中。测量直流量时，数字式万用表能自动显示极性。

5）电阻的测量：将量程开关拨至 Ω 的合适量程，红表笔插入 V/Ω 孔，黑表笔插入 COM 孔。如果被测电阻值超出所选择量程的最大值，数字式万用表将显示"1"，这时应选择更高的量程。测量电阻时，红表笔为正极，黑表笔为负极，这与指针式万用表正好相反。因此，测量晶体管、电解电容器等有极性的元器件时，必须注意表笔的极性。

（2）万用表使用注意事项

1）如果无法预先估计被测电压或电流的大小，则应先拨至最高量程档测量一次，再视情况逐渐把量程档减小到合适位置。测量完毕后，应将量程开关拨到最高电压档，并关闭电源。

2）满量程时，仪表仅在最高位显示数字"1"，其他位均消失，这时应选择更高的量程。

3）测量电压时，应将数字式万用表与被测电路并联。测电流时应将其与被测电路串联，测直流量时不必考虑正、负极性。

4）当误用交流电压档测量直流电压，或者误用直流电压档测量交流电压时，显示屏将显示"000"，或低位上的数字出现跳动。

5）禁止在测量高电压（220V 以上）或大电流（0.5A 以上）时切换量程，以防止产生电弧，烧毁开关触点。

6）当显示"BATT"或"LOW BAT"时，表示电池电压低于工作电压。

8. 游标卡尺

游标卡尺是一种测量长度、内外径、深度等参数的量具，主要由内测量爪、外测量爪、紧固螺钉、主标尺、游标尺和深度尺组成，见图 2-9。常用游标卡尺按其分度值可分为 3 种，即 0.1mm、0.05mm 和 0.02mm。

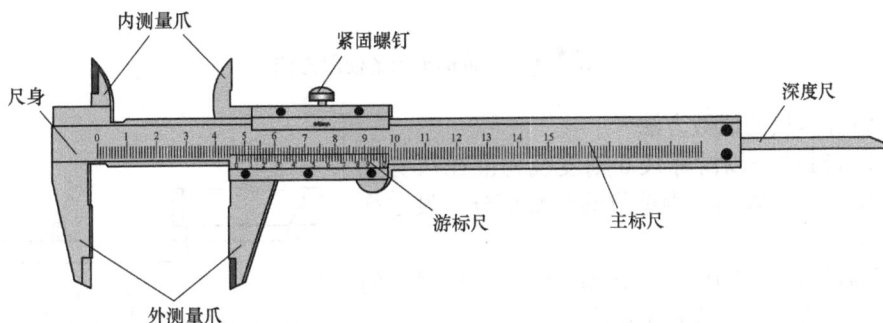

图 2-9　游标卡尺

（1）游标卡尺的零位校准

1）使用前，松开紧固螺钉，将尺框平稳拉开，将测量面、导向面擦拭干净。

2）检查0位：轻推尺框，使游标卡尺两个测量爪测量面合并，观察游标尺的0刻度线与主标尺的0刻度线应对齐，游标尺尾刻度线与主标尺相应刻度线应对齐。否则，应送计量室或有关部门调整。

（2）游标卡尺的使用方法　使用游标卡尺测量工件宽度、外径、内径和深度的操作方法见图2-10。其中测量工件外径的使用方法如下。

1）将被测物擦拭干净，注意轻拿轻放。

2）松开紧固螺钉，校准零位，移动外测量爪，使两个外测量爪之间距离略大于被测物。

3）一只手拿住游标卡尺的尺架，将待测物置于两个外测量爪之间，另一手推动活动外测量尺，至其与被测物接触为止。

4）读数。

注意：测量内孔尺寸时，内测量爪应在孔的直径方向上测量；测量深度尺寸时，应使深度尺与被测工件底面相垂直。

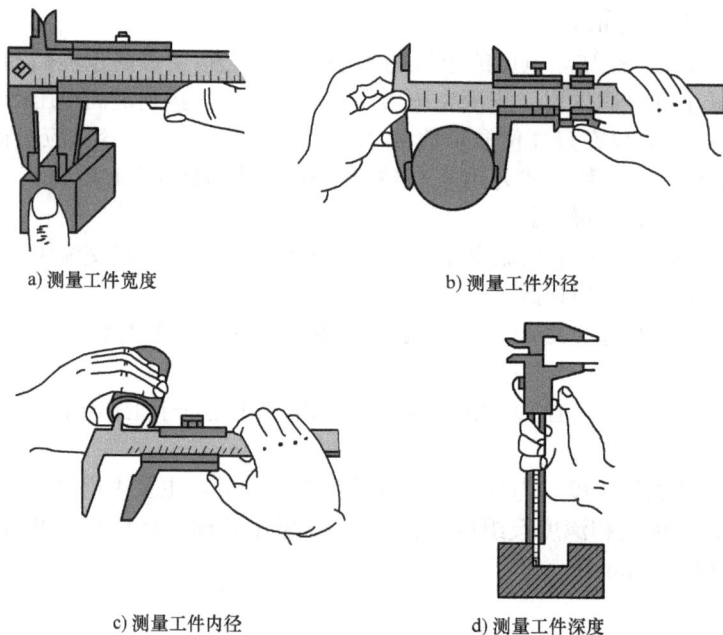

a) 测量工件宽度　　b) 测量工件外径　　c) 测量工件内径　　d) 测量工件深度

图2-10　游标卡尺的使用方法

（3）游标卡尺的读数方法

1）读数时首先以游标尺0刻度线为准在尺身上读取毫米整数，即以mm为单位的整数部分，设主标尺读数为X。

2）看游标尺上第几（n）条刻度线与主标尺上的刻度线对齐，则游标读数为$n\times$分度值。

3）总测量长度为：$L=X+n\times$分度值。

图2-11所示为游标尺中"0"在"23mm"之后，则主标尺读数为23mm；观察该游标尺的分度值为0.05mm；观察游标尺上第17条刻度线与主标尺上的刻度线最先对齐，则游标读数为

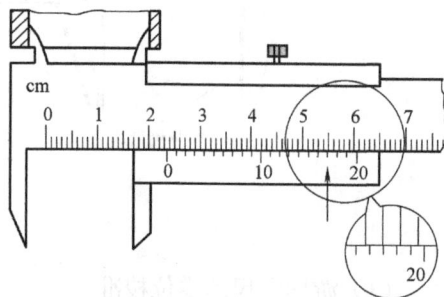

图2-11　游标卡尺读数示例

$17×0.05mm=0.85mm$；则最后测量结果为 23mm+0.85mm=23.85mm。

（4）游标卡尺使用注意事项

1）游标卡尺是比较精密的测量工具，要轻拿轻放，不得碰撞或跌落地下。

2）使用时不要用来测量粗糙的物体，以免损坏测量爪。

3）测量时，应先拧松紧固螺钉，移动游标尺时不能用力过猛。

4）两测量爪与待测物的接触不宜过紧。

5）不能使被夹紧的物体在测量爪内移动。

6）读数时，视线应与尺面垂直。如果需要固定读数，可用紧固螺钉将游标尺固定在尺身上，防止滑动。

7）实际测量时，对同一长度应多测几次，取其平均值来减少测量误差。

8）游标卡尺使用完毕后，仔细擦拭干净，抹上防护油，平放在盒内，置于干燥处以防其生锈或弯曲。

9. 深度尺

深度尺主要用来检查结构的深度尺寸，见图2-12。

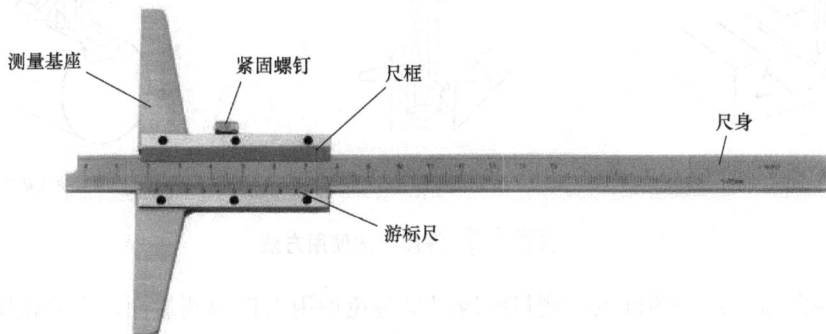

图2-12 深度尺

（1）深度尺的使用方法

1）测量时，先把测量基座轻轻压在工件的基准面上，两个端面必须接触工件的基准面，见图2-13a。

2）当测量轴类等台阶时，测量基座的端面一定要压紧在基准面后（见图2-13b、c）再移动尺身，直到尺身的端面接触到工件的测量面（台阶面）。

3）当测量多台阶小直径的内孔深度时，要注意尺身的端面是否在要测量的台阶上，见图2-13d。

4）当测量的基准面是曲线时（见图2-13e），测量基座的端面必须置于曲线的最高点处，此时测量出的深度才是工件的实际尺寸，否则会出现测量误差。

（2）深度尺的读数方法　深度尺的读数方法同游标卡尺。

（3）深度尺使用注意事项

1）测量时先将尺框的测量面贴合在工件待测结构的顶面上，注意不得倾斜，然后将尺身推上去直至尺身与被测结构充分接触，此时即可读数。

2）由于尺身测量面较小，容易磨损，故在测量前需检查深度尺的零位是否正确。

3）深度尺一般都不带有微动装置，如果使用带有微动装置的深度尺，需注意切不可接触过度，以免带来测量误差。

4）由于尺框测量面较大，在使用时，应进行清洁，避免油污、灰尘、毛刺和锈蚀等缺陷造成的影响。

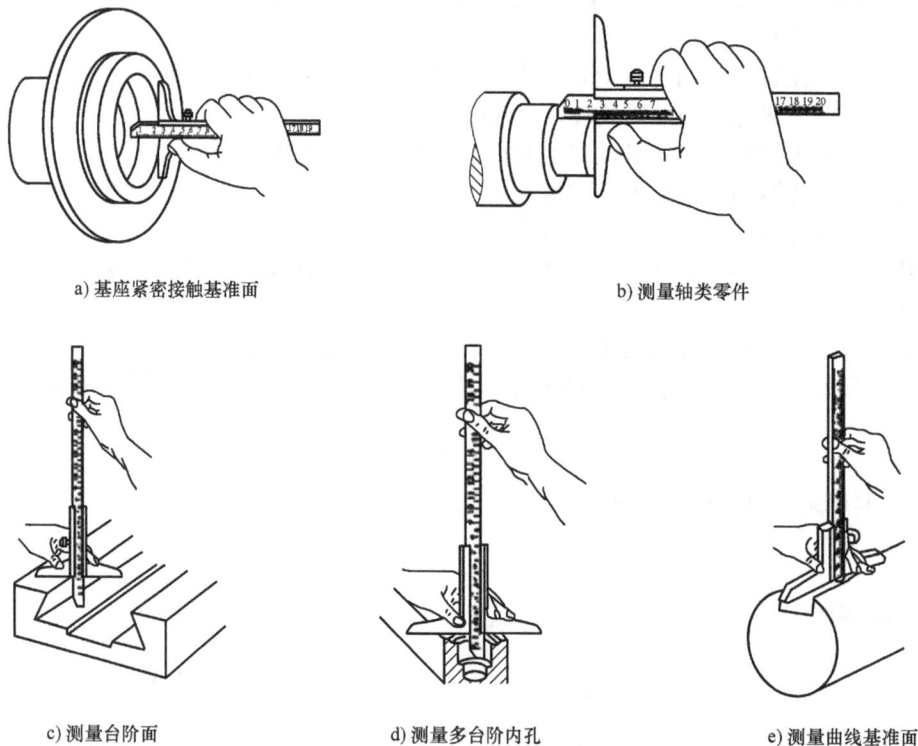

a) 基座紧密接触基准面　　　　　　　　　　b) 测量轴类零件

c) 测量台阶面　　　　　　　d) 测量多台阶内孔　　　　　　e) 测量曲线基准面

图 2-13　深度尺的使用方法

5）选用测量爪适当的部位。测量时应尽量避免使用刀口形测量面，而应使用靠近尺身的平测量面。

6）测量温度要适宜。当游标卡尺和被测件的温度相同时，测量温度与标准温度的允许偏差可以适当放宽。

7）应在光线充足的条件下读数，两眼视线与游标卡尺的刻线表面垂直，以减小读数误差。

8）在机床上测量零件时，要等零件完全停止运动后进行，否则不仅会使量具的测量面过早磨损而失去精度，而且会造成事故。

9）用深度游标卡尺测量零件时，不允许过分地施加压力，应使测量基座刚好接触零件基准表面，尺身刚好接触测量平面。如果测量压力过大，不但会使尺身弯曲或基座磨损，还会使测量得到的尺寸不准确。

10）为减小测量误差，适当增加测量次数，并取其平均值，即在零件的同一基准面上的不同方向进行测量。

10. 千分表

千分表是通过齿轮或杠杆将一般的直线位移（直线运动）转换成指针的旋转位移（旋转运动），然后通过刻度盘进行读数的长度测量仪器，广泛应用于测量工件的形状误差及位置误差等，见图 2-14。千分表的组成见图 2-15。

（1）千分表使用前的准备

1）检验千分表的灵敏程度。左手托住千分表的后部，表盘朝前便于观察，右手拇指轻推测头，试验测量杆移动是否灵活。

2）检验千分表的准确程度。检查表的稳定性，反复若干次提起防尘帽，使表针读数稳定；校对零位，旋转千分表的表圈，使表盘的主指针与 0 刻度线对齐；检验千分表的准确程度，用手指反复轻推测头，检查指针是否能回到 0 刻度线。若不能回到 0 刻度线，表明千分表有质量问题，应更换。

图 2-14 千分表

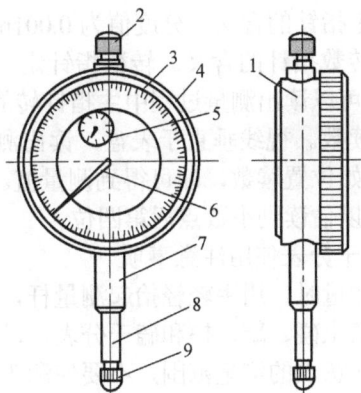

图 2-15 千分表的组成
1—表身 2—防尘帽 3—表盘 4—表圈
5—转数指针 6—主指针 7—套筒
8—测量杆 9—测头

3）检查测头的可靠性。左手握住表体，用右手转动测头，检查其与量杆的连接部位是否松动，若松动，应立即拧紧，以防测量过程中测头脱落。

4）检查表架各部分的功能。检查表架上的两个连接螺母是否能够拧紧。检查磁力表座上的锁紧开关工作是否正常、可靠，将锁紧开关置于"ON"档，检查表架位置是否固定；将锁紧开关置于"OFF"档，检查表架位置是否可以移动。

（2）千分表的装卡 将千分表固定在可靠的夹持架上（如固定在万能表架或磁性表座上，见图 2-16）。装夹千分表时，夹紧力不能过大，以免套筒变形卡住测量杆。

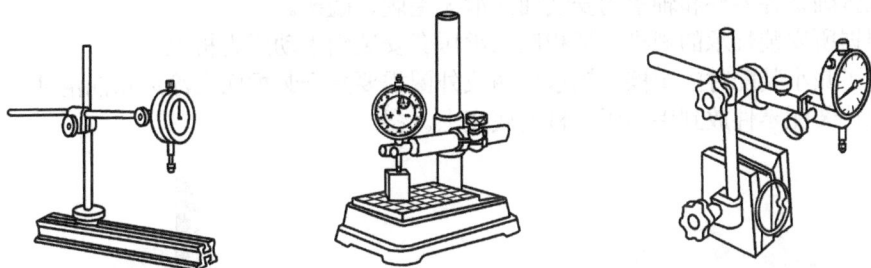

图 2-16 安装在夹持架上的千分表

（3）千分表的测量

1）测头与被测要素垂直接触。调整夹持架的长度和角度，使千分表的测头与被测要素垂直接触，即使测量杆的轴线与被测量尺寸的方向一致。对于圆柱形工件，测量杆的轴线要垂直于工件的轴线，并使指针有 0.03 ~ 0.06mm 的压缩量。

2）拧紧夹持架上的连接螺母。拧紧夹持架上的连接螺母，以防止测量过程中夹持架或千分表松动。

3）校对零位。旋转千分表的表圈，使表盘的，主指针与 0 刻度线对准。

4）完成测量过程。测量结束时，避免快速撤回千分表，以防主指针快速复位的惯性太大造成指针弯曲。

（4）千分表的读数

1）主指针的含义。分度值为 0.001mm 的千分表主指针每转一格表示位移为 0.001mm。

2）转数指针的含义。转数指针走一格，主指针转一圈，表示位移为 0.2mm；从转数指针走的格数可以读出测量过程中主指针转的圈数。

3）读数。视线垂直于表盘，读出测量过程中转数指针和主指针的始末位置，用末位置读数减去起始位置读数，即可得到测量值。读数时，如果指针停在刻线之间，可以估读，如主指针示数可以估读到小数点后第四位。

（5）千分表使用注意事项

1）测量时，用手轻轻抬起测量杆，将工件放入测头下测量，不可把工件强行推入测头下。

2）禁止碰、敲、摔和磕千分表，以防表的零件损坏或指针弯曲。

3）注意表的测量范围，不要使测头位移超出量程，以免过度伸长弹簧，损坏千分表。

4）不要使测头跟测量杆做过多无效的运动，否则会加剧零件磨损，使千分表失去应有精度。

5）当测量杆移动发生阻滞时，不可强力推压测头，必须送计量室处理。

6）在使用千分表的过程中，要严格防止水、油和灰尘侵入表内，不许将千分表浸泡在冷却液或其他液体中使用。

7）千分表在使用后，要擦净安装盒，不能任意涂擦油类，以防粘上灰尘影响灵活性。

千分表不使用时，应使测量杆处于自由状态，避免使表内的弹簧失效。

8）应对其精度进行定期检定。

11. 手动压力机

手动压力机（见图 2-17）主要用于对齿轮和轴套等紧配件的拆卸以及变形零件的校正。手动压力机装置集中，体积较小，无需动力，手动操纵即可完成金属产品及配件等成品及半成品的压制和衔接任务。

利用手动压力机装配轴承的操作见图 2-18，具体步骤如下。

1）检查确认各零件和轴承的安装面光滑无毛刺、磕碰。

2）根据所安装轴承的规格，把相应轴承压套安装到手动压力机上。

3）为了减小装配时的摩擦，轴承内圈或外圈需要配合装配面上涂适量润滑油。

4）把待装配零件放到手动压力机的底座上。

图 2-17　手动压力机

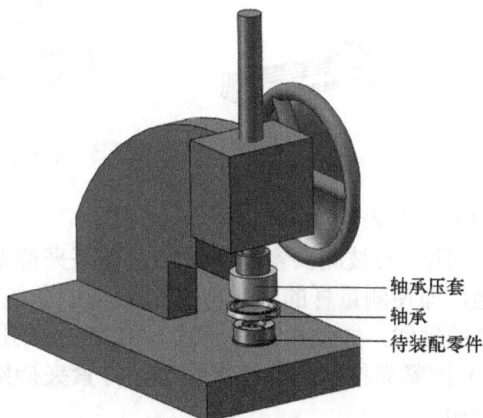

轴承压套
轴承
待装配零件

图 2-18　利用手动压力机装配轴承的操作

5）把轴承轻置于待装配零件的止口配合处，尽量使其保持水平。

6）操作手动压力机，让轴承均匀压到装配位。压入要平稳，尤其是刚接触轴承时要缓慢加大压力（压力缓慢增加，是为了尽可能避免轴承滚珠在保持架内发生错位，导致装配后不顺畅），保证轴承完全垂直进入待安装零件。最后当轴承安装快要完毕时，可反复操作压力机，以一定的冲击力撞击轴承，确保安装到位。

7）提起手动压力机，把装配完成件取出。

8）检查安装效果，确保轴承安装到位，并尝试旋转轴承，确保转动轻快、顺畅。如果转动时感觉有局部不顺畅，有可能是安装时压力不均，造成轴承保持架上滚珠的局部错位，可用塑顶锤轻敲轴承内外圈，进行修正。

12. 锤子

锤子由锤头、锤柄组成，工业机器人安装常用的锤子有圆头锤、塑顶锤、铜锤等，见表2-4。

表 2-4　锤子类型

种类	实物图	用　　途	规格（锤头质量）/kg
圆头锤		作一般锤击使用	重量（不连柄）：0.11，0.22，0.34，0.45，0.68，0.91，1.13，1.36
塑顶锤		用于对各种金属件和非金属件的敲击、装卸及无损伤成形	0.1，0.3，0.5，0.75
铜锤	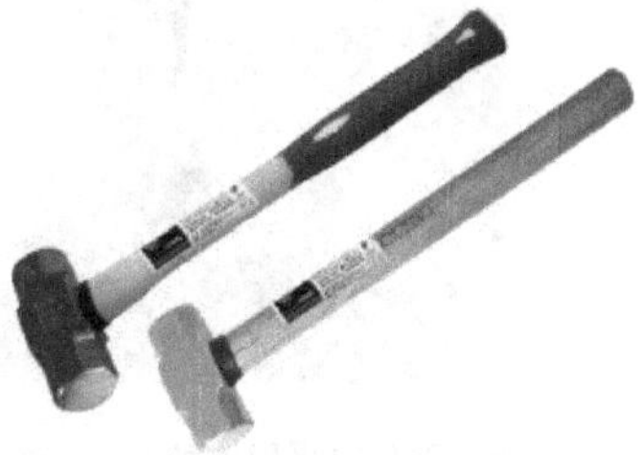	用于敲击零件，不损伤零件表面	0.5，1.0，1.5，2.5，4.0
操作要点	握锤主要靠拇指和食指，其余各指仅在锤击时才握紧，柄尾只能伸出手掌 15～30mm 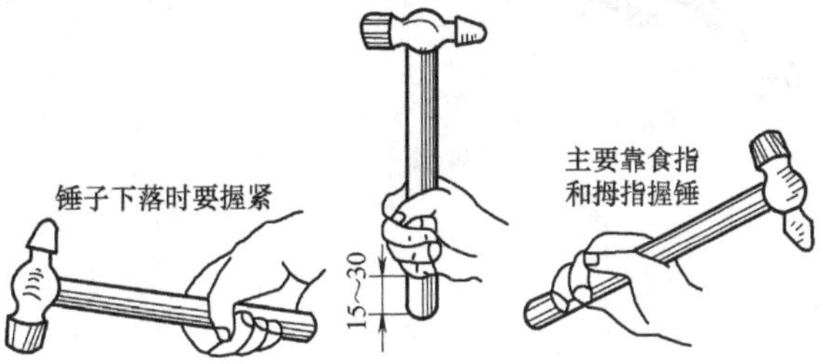 锤子下落时要握紧　　15～30　　主要靠食指和拇指握锤		

13. 美工刀

美工刀又称为切刀、裁纸刀，主要是为切割薄纸或者薄膜而设计的，见图 2-19。

（1）美工刀的使用方法

美工刀的使用方法见表 2-5。

（2）美工刀使用注意事项

①刀片禁止对着人；②刀片不可伸出刀柄太长；③不使用时收好刀片；④不能切割的刀片要及时替换；⑤保持正确的握刀姿势；⑥从远离身体的方向向靠近身体方向切割；⑦刀片与纸面保持垂直；⑧刀尖和纸面的夹角是 30°左右；⑨手不要放在刀片的前进方向。

图 2-19　美工刀

表 2-5　美工刀的使用方法

	握笔法	食指握法
正确	就像握铅笔那样用拇指、食指、中指轻握刀柄	食指放在刀背，手掌抵住刀柄
	切割细小物体时采用这种握法	切割硬质物体时采用这种握法。注意不要用力过猛
危险	不可横向切割，要牢牢按紧纸张，务必纵向切割	禁止把手放在刀片的前进方向

14. 吹气枪

吹气枪主要用于安装、维修时的除尘工作，适合使用在狭窄缝隙、高处、气管内、机器零部件内部等处，见图 2-20。

吹气枪使用注意事项如下：

① 操作前必须按照操作说明书安装使用；②吹气枪需连接压缩机使用；③保持吹气枪的干净；④定期对吹气枪进行清洁处理，清洁时应切断电源；⑤不能在含有易燃性气体和大量粉尘的环境中使用吹气轮；⑥非专业人员不能擅自进行修理。

图 2-20　吹气枪

15. 黄油枪

黄油枪是一种给机械设备加注润滑脂的手动工具，见图 2-21。其主要有气动黄油枪、手动黄油枪、脚踏黄油枪和电动黄油枪等不同种类。

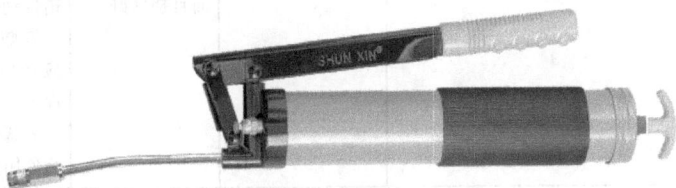

图 2-21　黄油枪

（1）黄油枪的加油嘴　黄油枪可以选装铁枪杆（铁枪头）或软管（平枪头）加油嘴。

对加油位置处于空间宽敞的地方可用铁枪杆（铁枪头）来加油；对加油位置隐蔽处于拐弯抹角的地方就必须用软管（平枪头）来加油。

（2）黄油枪使用注意事项

①使用前要检查油枪各部件是否完整，特别是皮碗；②黄油应干净，无沙子等固体物质，否则会堵塞油嘴；③加入黄油后，要使油枪注油嘴朝上，摇动手柄，排除空气；④使用时，应用注油嘴压紧设备油嘴，平稳摇动手柄；⑤使用完毕后应将黄油枪各个部件处理干净。

16. 吊装工具和配件

吊装是指吊车或者起升机构对设备的安装、就位。工业机器人安装常用的吊装工具和配件有吊环螺钉、钢丝绳、手拉葫芦、钢丝绳电动葫芦等，见表 2-6。

表 2-6　吊装工具类型

种类	实物图	用途	备注	操作要点
吊环螺钉		吊环螺钉配合起重机，用于吊装机器人设备等		安装时一定要将螺钉旋紧，保证吊环台阶的平面与机器人零件表面贴合。吊环大小应当按照标准件供应商提供的参数选用，要保证吊环的强度足够能确保安全

（续）

种类	实物图	用途	备注	操作要点
钢丝绳		主要用于吊运、拉运等需要高强度线绳的吊装和运输中	在滑车组的吊装作业中，多选用交互捻的钢丝绳；要求耐磨性较高的钢丝绳，多用粗丝同向捻制，不但耐磨，而且挠性好	①安全起见，用于吊装的钢丝绳应该具有足够的强度，在使用两个吊环吊装时要注意钢丝绳之间的夹角最大不可超过90°，而且越小越好 ②使用时应防止各种情况下钢丝绳的扭曲、扭结，股的变位，致使钢丝绳发生折断的现象 ③在使用前应注意检查有无断丝现象，在使用时时刻注意观察钢丝情况，确保安全 ④在吊装过程中，不应有冲击性动作，确保安全 ⑤防止钢丝绳锈蚀和磨损，应经常对其涂抹油脂，勤于保养 ⑥操作人员应佩戴防护手套后使用钢丝绳，以免损伤手
手拉葫芦		供手动提升重物用，是一种使用简单、携带方便的手动起重机械	多用于工厂、矿山、仓库、码头、建筑工地等场合，特别适用于需要移动及无电源的露天作业	①严禁超载使用和用人力以外的其他动力操作 ②在使用前必须确认机件完好无损，传动部分及起重链条润滑良好，空转情况正常 ③起吊前检查上下吊钩是否挂牢。严禁重物吊在尖端等错误操作。起重链条应垂直悬挂，不得有错扭的链环，双行链的下吊钩架不得翻转 ④在起吊重物时，严禁人员在重物下做任何工作或行走，以免发生人身伤害事故 ⑤在起吊过程中，无论重物上升或下降，拽动手链条时，用力应均匀缓和，不要用力过猛，以免手链条跳动或发生卡环 ⑥操作者如发现手拉力大于正常拉力时，应立即停止使用
钢丝绳电动葫芦		用于设备、物料等重物的起吊	既可以单独安装在工字钢上，也可以配套安装在电动或手动单梁、双梁、悬臂、龙门等起重机上使用	与手拉葫芦操作要点相似

17. 工业机器人安装耗材

工业机器人安装时所消耗的材料有工业擦拭纸、螺纹紧固剂、密封胶和润滑脂等。

（1）工业擦拭纸　工业擦拭纸用于机械设备、产品、工具上的油污、水等液体的擦拭或灰尘的清洁，见图 2-22。工业擦拭纸具有极少掉屑且擦拭后不留毛尘，良好的湿强性，不易破损，快速吸水、吸油能力，经济性更高等特点。

（2）螺纹紧固剂　螺纹紧固剂又称为螺纹胶，用于避免螺纹紧固件由于振动而造成的松动和渗漏。螺纹连接一旦出现松脱，轻者会影响机器的正常运转，重者会造成严重事故，因此所有螺钉安装前都涂有适量的螺纹紧固剂，见图 2-23。

图 2-22　工业擦拭纸

图 2-23　螺纹紧固剂

使用螺纹紧固剂时应参照产品参数说明书根据使用场合和部件选择合适规格的螺纹紧固剂。应注意每处螺纹啮合部位涂胶应在 3～5 扣以上，且胶液应充分填满螺纹间隙。应严格按照产品说明书的要求进行保存，防止失效。

（3）密封胶　密封胶是指随密封面形状而变形，不易流淌，有一定黏结性的密封材料，见图 2-24。密封胶用来填充间隙，以起到密封作用，具有防泄漏、防水、防振动、隔音及隔热等作用。

使用密封胶时也要参照产品参数说明书根据使用场合和部件选择合适的规格。应严格按照产品说明书的要求进行保存，防止失效。

（4）润滑脂　润滑脂又称为黄油，为稠厚的油脂状半固体，见图 2-25。它用于机械的摩擦部分，起润滑和密封作用；也用于金属表面，起填充空隙和防锈作用。通常使用黄油枪进行加注。

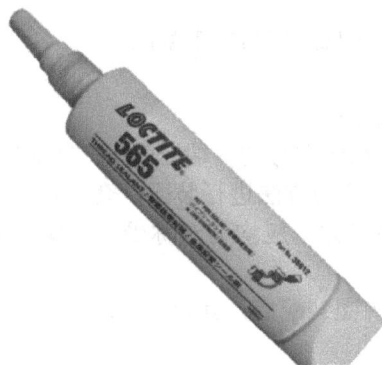

图 2-24　密封胶

图 2-25　润滑脂

使用润滑脂时也要参照产品参数说明书根据使用场合和部件选择合适的规格。应严格按照产品说明书的要求进行保存，防止失效。

任务2 熟悉工业机器人的安装要求

任务描述

安装工业机器人时应遵守要求，规范安装，还要熟悉安装规范，注意环境及各个零部件的安装要求，每个环节都要做到谨慎、仔细。本任务的逻辑结构如下：

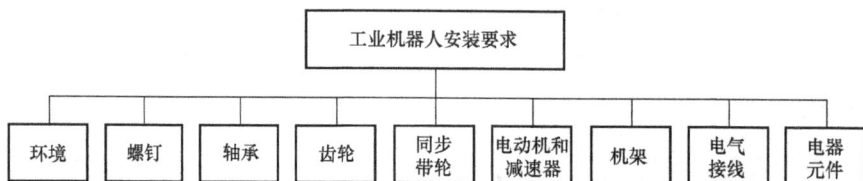

相关知识

1. 安装的环境要求

①环境温度应在 0 ~ 40℃ 范围内；②环境湿度 20% ~ 80%RH，无凝露；③周围不存在易燃、腐蚀性液体及气体；④不受大的冲击和振动；⑤安装面的平面度误差应在 0.5mm 以下；⑥装配环境要求清洁，不得有灰尘、粉尘、油烟、水或其他污染源；⑦零件应存放在干燥、无尘、有防护垫的场所；⑧距离运动物体较远，避免发生碰撞；⑨机器人要远离大型电器噪声源，以免干扰机器人。

2. 螺钉的安装要求

1）所有螺钉安装前都要涂上适量的螺纹紧固剂。

2）紧固螺钉时，不得采用活扳手，每个螺母下面不得使用 1 个以上相同的垫圈，沉头螺钉拧紧后，钉头应埋入机件内，不得外露。

3）一般情况下，螺纹连接应有防松弹簧垫圈，对称多个螺钉拧紧时应按照对称顺序逐步拧紧，条形连接件应从中间向两边对称逐步拧紧。

4）螺钉与螺母拧紧后，螺钉应露出螺母 1 ~ 2 个螺距；螺钉在紧固运动装置或维护时无须拆卸部件的场合，装配前螺钉上应加涂螺纹胶。

5）有规定拧紧转矩的紧固件，应采用扭力扳手，按规定拧紧力矩紧固。

3. 轴承的安装要求

1）装配轴承前，轴承位置不得有任何的污染物质存在。

2）装配轴承时应在配合件表面涂一层润滑油，轴承无型号的一端应朝里，即靠轴肩方向。

3）装配轴承时应使用专用压具，严禁采用直接击打的方法进行装配，套装轴承时施加力的大小、方向、位置应适当，不应使保持架或滚动体受力，应均匀对称受力，保证端面与轴垂直。

4）轴承内圈端面一般应紧靠轴肩（轴卡），轴承外圈装配后，其定位端轴承盖与垫圈或外圈的接触应均匀。

5）滚动轴承装好后，相对运动件的转动应灵活、轻便，如果有卡滞现象，应检查分析问题的原因并做出相应处理。

6）轴承装配过程中，若发现孔或轴配合过松时，应检查公差；过紧时不得强行野蛮装配，应检查分析问题的原因并做出相应处理。

7）圆锥滚子轴承、推力角接触球轴承、推力球轴承在装配时轴向间隙应符合图样及工艺要求。

8）装配后应对轴承及与之相配合的表面注入适量的润滑脂。对于工作温度不超过 60℃的轴承，可按 GB/T 491—2008《钙基润滑脂》规定采用 4 号润滑脂；对于工作温度高于 60℃的轴承，可按 GB 492—1989《钠基润滑脂》规定采用 2 号和 3 号润滑脂。

9）普通轴承在正常工作时温升不应超过 35℃，工作时的最高温度不应超过 70℃。

4. 齿轮的安装要求

1）互相啮合的齿轮在装配后，当齿轮轮缘宽度不超过 20mm 时，轴向错位不得大于 1mm；当齿轮轮缘宽度大于 20mm 时，轴向错位不得超过轮缘宽度的 5%。

2）圆柱齿轮、锥齿轮、蜗杆传动的安装精度要求，应根据传动件的精度及规格大小分别按照 GB/T 10095.1—2008《圆柱齿轮　精度制　第 1 部分：轮齿同侧齿面偏差的定义和允许值》、GB/T 11365—1989《锥齿轮和准双面齿轮精度》及 GB/T 10089—1988《圆柱蜗杆、蜗轮精度》要求确定。

3）按技术要求保证齿轮啮合面正常的润滑，并给齿轮箱加注润滑油至油位线。

4）齿轮箱满载运转的噪声不得大于 80dB（A）。

5. 同步带轮的安装要求

1）主从动同步带轮轴必须互相平行，不允许有歪斜和摆动，倾斜度误差不应超过 2‰。

2）当两带轮宽度相同时，它们的端面应该位于同一平面，轴向错位不得超过轮缘宽度的 5%。

3）装配同步带时不得将其强行撬入带轮，应通过缩短两带轮中心距的方法装配，否则可能损伤同步带的抗拉层。

4）同步带张紧轮应安装在松边张紧，而且应固定两个紧固螺钉。

6. 电动机和减速器的安装要求

1）检查电动机、减速器型号是否正确。

2）装配前，将电动机轴和减速器的连接部分清洁干净。

3）拧紧电动机法兰螺钉前，应通过转动电动机纠正电动机轴与减速器联轴器的同轴度，再将电动机法兰与减速器连接好，对角拧紧固定螺钉。

4）在装配伺服电动机过程中，应保证其后部编码器不受外力作用，严禁敲打伺服电动机轴。

5）减速器的安装过程如下：

①移动减速器法兰外侧的密封螺钉以便于调整夹紧螺钉；②旋开夹紧螺钉，将电动机法兰与减速器连接好，对角拧紧定位螺钉；③使用合适扭力将夹紧环拧紧，然后拧紧密封螺钉；④将电动机法兰螺钉扭至松动，点动伺服电动机轴或用手转动电动机轴几圈，调整电动机轴与减速器联轴器的同心度；⑤最后将电动机法兰与减速器连接好，对角拧紧定位螺钉。

7. 机架的调整与连接

1）不同段的机架高度应按照同一基准点，调整到同一高度。

2）所有机架应调整至同一竖直面上。

3）各段机架调整到位，符合要求后，应安装相互之间的固定连接板。

8. 电气接线的要求

1）接线应由专业技术人员按图正确进行。

2）电气接线颜色必须按标准接线颜色规定执行。

3）配线应成排成束有规律地垂直或水平敷设，要求整齐、美观、清晰，做到横平竖直，层次分明。

4）线束敷设必须合理，不得妨碍电器的拆换或维修，不允许在两只接线柱中间走线，不得遮掩线路标号和观察孔。

5）线槽内走线应符合：①电源线和控制线尽量分开，线槽内导线均匀分布并理顺，以避免交叉；②线号对应，方向一致；③横向每间隔300mm安装一个线束固定点，竖向每间隔400mm安装一个线束固定点；④不得任意歪斜交叉连接（若导线装于线槽时，行线槽仍然按照以上尺寸对其进行固定）。

6）不要将主回路连接线和信号线从同一管道内穿过，也不要将其绑扎在一起。

7）主回路连接线与信号线分开布线或交叉布线时，应间隔30cm以上。

8）布线时不能有尖锐物体损伤到电缆，不能强拉电缆，否则会导致触电或线路接触不良。

9）强、弱电回路不应使用同一根电缆，应分别成束分开排列。

10）导线与电器元件间采用螺栓连接、插接、焊接或压接等，均应牢固可靠。凡是多股软线的连接头，一律用冷压接头压接。使用螺钉连接时，弯线方向应与螺钉前进方向一致。为保证导线不松散，多股导线不仅应端部绞紧，还应加终端附件或搪锡。采用压接式终端附件是一种较好的方式。

11）一般一个接线端子（含端子排和元器件接线端），只连接一根导线，必要时允许连接两根导线。当需要连接两根以上导线时，应采取相应措施，以保证导线连接可靠。两个端子间的连线不得有中间接头，导线芯线应无损伤。

12）除了用弹簧端子能直接压接线头以外，其余所有接线线头必须用带塑料套的接线耳，并且连接两根导线时要用双头接线耳。

13）弹簧端子每个端子只能接一根线，其他的每个接线点不允许接超过两根线；每个接线头都需要压紧连接，不允许有金属裸露或者松动现象。

14）接插件接线的大小规格要与接插件连接件的规格相匹配；使用接插件时，带电部分的一头应用插孔（即上游用插孔、下游用插针），因为插针外露会很危险。

15）当控制箱面板有按钮、指示灯等元件时，必须将门上各导线整理好，用扎线带沿控制箱表面绑扎整齐。

9. 电器元件的安装要求

1）认真核对所装配件的型号、电压、电流等级数、数量及形式等。

2）控制柜内应提供仪表接地和安全接地母线，且接地母线通流截面积应满足要求，仪表接地应与控制柜体绝缘，元件接地部件应保持良好的接地连续性。应确认伺服单元及伺服电动机接地正确。

3）在装配时，应考虑到元件的电气间隙、爬电距离、干扰距离和电气散热距离。

4）盘内电气设备、端子排、线槽等应留有余量。电器开关、端子排应留有15%～20%的余量，线槽留有不少于60%的余量。

5）每个元件必须贴上标签，接插件标签要贴在插座或上方，如KM10、KA02等；接线端子要用端子标识材料标出端子号；接地处也要有接地标志指示。

6）变压器、电源、加热器、电动机和控制器等前面都要有保护元件，如熔丝、断路器等。

7）不要频繁通断电源，伺服单元内用到大容量电容，通电后会产生较大的充电电流，频繁通断电会造成其性能下降。

8）在伺服单元输出侧和伺服电动机间不要加功率电容器、浪涌吸收器和无线电噪声滤波器等。

任务3 熟悉工业机器人安装操作的安全事项

任务描述

工业机器人的安装安全问题主要体现在：人身和工业机器人安全两个方面。其中人身安全是第一位的，工业机器人安全则要求零件不能损坏和丢失，不能降低零件精度和表面粗糙度。此外，吊装作业是机器人安装时必不可少的一个环节。我们应熟知关于人身安全、工业机器人安全和吊装作业安全的注意事项。本任务的逻辑结构如下：

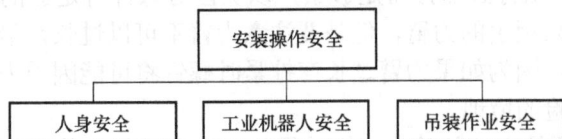

```
              安装操作安全
        ┌────────┼────────┐
     人身安全   工业机器人安全   吊装作业安全
```

相关知识

1. 人身安全

人身安全是首先要考虑的，除采用一些防范措施外，生产时更要加倍注意，避免事故的发生。

1）安装前先检查安装工具是否完好。

2）当机器人零件质量大于25kg时就不可以用手搬动，最好进行吊装作业。

3）在用行车进行吊装时，其下方不允许站人或是人员从下方穿过。

4）操作中要用工具取放工件，不可以直接用手取放工件。

5）吊环安装时一定要旋紧，保证吊环台阶的平面与机器人零件表面贴合。吊环大小的选用和安装最好按照标准件供应商提供的参数。

6）安装有弹性的零件（如弹簧）时，要防止弹性零件突然弹出而造成人身伤害。

7）使用大型冲压机时，人不能正对工作台，要靠侧面站立，防止碎片飞出伤人。

8）安装电线时要先检查电线是否完好，绝缘层是否有脱落。安装时要保证电线绝缘层不被尖锐物划破。在接头处要有良好的绝缘措施。

9）安装液压元件和液压管道时，要保证液压元件和液压管道所能承受的压力大于设备对此管路所提供的压力，并且保证不漏油。因为液压管路的压力一般比较大，所以要特别注意。

10）对于布置了气道的模具（如吹塑模、气辅模、气体顶出或气体辅助顶出的注塑模等），保证气体管路的密封性和畅通性对于人身安全（特别是模塑工）相当重要，否则漏气还会产生巨大的噪声。

11）在安装油路、气路和接头时都要仔细检查管螺纹是否符合标准，防止泄漏。

12）无论任何时候都要严格遵守车间内的操作规程，如工具和机器人零件的摆放。

13）加强安全教育和培训，树立安全第一的思想，杜绝人身伤害事故的发生。

14）凡有触电危险的地方都要贴上警告牌，但所有警告装置不能出现文字，要用符号表示。

2. 工业机器人安全

以下为保证工业机器人安全的常见注意事项。

1）机械装配时应严格按照设计部门提供的装配图样及工艺要求进行装配，严禁私自修改作业内容或以非正常的方式更改零件。

2）电气装配时按照屏柜结构与开孔图样进行外形尺寸、面板开孔、柜体/面板标识及电器元件物料清单的检查，确认无误后方可进行装配工作。

3）对于镜面抛光的表面要防尘，不可以用手触摸。

4）在零件传递时，应尽量不用手握一些表面要求和精度较高的部位。

5）零件拆卸后或安装前要进行防锈防腐处理，例如一些需经常接触腐蚀性物质的零件。

6）在装夹零件时，夹具和零件的接触面处夹具的硬度必须比零件的硬度小，最好的办法是在夹具上垫上黄铜垫片以免损伤零件表面。

7）在安装需要经敲打装入的零件时，用于敲打的物件的硬度不可以大于机器人零件的硬度。

8）在安装螺钉时，螺钉必需拧得足够紧，以保证对螺钉有足够的预载，所以在安装时经常要用套筒来加长内六角扳手的力臂，但是要注意力臂不可以过长，最好能够按照标准件供应商的标准去决定其长度，因为如果力臂过长在拧紧时螺钉将可能因受力过大导致失效，机器人工作时就会处于非常危险的境地。

9）装配的零件必须是质检部验收合格的零件，装配过程中若发现漏检的不合格零件，应及时上报。

10）装配过程中不得磕碰、切伤零件，不得损伤零件表面或使零件明显弯、扭、变形，零件的配合表面不得有损伤。

11）参与相对运动的零件，装配时接触面间应加注润滑油（脂）。

12）相配零件的配合尺寸要准确。

13）装配时，零件、工具应有专门的摆放设施，原则上零件、工具不允许摆放在机器上或直接放在地上，如有需要，应在摆放处铺设防护垫或地毯。

14）装配时原则上不允许踩踏机械，如果需要踩踏作业，必须在机械上铺设防护垫或地毯，严禁踩踏重要部件及非金属强度较低部位。

3. 吊装作业安全

吊装是指用起重机或者起升机构对设备进行安装和就位，吊装作业是机器人安装时必不可少的一个环节。

1）吊装作业人员必须持证上岗。吊装质量大于10t的物体时应办理吊装安全作业证。

2）进行各种吊装作业前，应预先在吊装现场设置安全警戒标志并设专人监护，非施工人员禁止入内。

3）吊装作业中，夜间应有足够的照明，室外作业遇到大雪、暴雨、大雾及六级以上大风天气时，应停止作业。

4）吊装作业人员必须戴安全帽，安全帽应符合 GB 2811—2007《安全帽》的规定，高处作业时应遵守 HG 30013—2013《生产区域高处作业安全规范》的规定。

5）进行吊装作业前，应对起重吊装设备、钢丝绳、缆风绳、链条、吊钩等各种机具及安全装置进行检查，必须保证安全可靠，不准带故障和隐患使用。吊装前必须试吊，确认无误方可作业

6）进行吊装作业时，必须分工明确、坚守岗位，并按 GB 5082—1985《起重吊运指挥信号》规定的联络信号统一指挥。

7）严禁利用管道、管架、电杆、机电设备等做吊装锚点。未经相关部门审查核算，不得将建筑物、构筑物作为锚点。

8）任何人不得随同吊装重物或吊装机械升降。在特殊情况下，必须随之升降的，应采取可靠的安全措施，并经过现场指挥人员批准。

9）吊装作业现场如需动火时，应遵守 HG 30010—2013《生产区域动火作业安全规范》的规定。吊装作业现场的吊装绳索、缆风绳等应避免同带电线路接触，并保持安全距离。

10）用大型起重吊装机械（履带吊车、轮胎吊车、桥式吊车等）进行吊装作业时，除遵守本守则外，还应遵守该大型起重吊装机械的操作规程。

11）必须按规定负荷进行吊装，吊具、索具经计算选择使用，严禁超负荷运行。所吊重物接近或达到额定起重吊装能力时，应检查制动器，用低高度、短行程试吊后，再平稳吊起。

12）悬吊重物下方严禁人员站立、通行和工作。

13）在吊装作业中，有下列情况之一者不准吊装。

①指挥信号不明；②超负荷或物体重量不明；③斜拉重物；④光线不足，看不清重物；⑤重物下站人；⑥重物埋在地下；⑦重物紧固不牢，绳打结、绳不齐；⑧棱刃物体没有衬垫措施；⑨重物越过人体头部；⑩安全装置失灵。

项目小结

常见的工业机器人安装工具有螺钉旋具（一字槽螺钉旋具、十字槽螺钉旋具、多用螺钉旋具、内六角螺钉旋具等）、扳手（内六角扳手、套筒扳手、活扳手等）、扭力扳手、手钳（尖嘴钳、大力钳、挡圈装卸钳、钢丝钳等）、剥线钳、压线钳、万用表、游标卡尺、深度尺、千分表、手动压力机、锤子（圆头锤、塑顶锤、铜锤等）、美工刀、吹气枪、黄油枪、吊装工具和配件（吊环螺钉、钢丝绳、手拉葫芦、钢丝绳电动葫芦等）、工业机器人安装耗材（工业擦拭纸、螺纹紧固剂、密封胶、润滑脂）等。

安装工业机器人时应遵守要求，尤其要注意安装环境要求、各个部件（螺钉、轴承、齿轮、同步带轮、电动机和减速器、机架、电气接线和电器元件）的安装要求，每个环节都需做到谨慎、仔细。

工业机器人的安装安全问题主要体现在两个方面：人身安全和工业机器人安全。其中人身安全是第一位的，工业机器人安全则要求零件不能损坏和丢失，不能降低零件精度和表面粗糙度。另外，吊装作业是机器人安装时必不可少的一个环节。

检查评议

请各小组对本项目的完成情况进行评估，检查评议要点见表 2-7。

表 2-7　检查评议要点

基本素养（13 分）				
序号	评估内容	自评	互评	师评
1	纪律（无迟到、早退、旷课）（5 分）			
2	参与度、团队协作能力（3 分）			
3	安全规范操作（5 分）			
知识理论（42 分）				
序号	评估内容	自评	互评	师评
1	工业机器人安装环境要求（3 分）			
2	工业机器人中螺钉的安装要求（3 分）			
3	工业机器人中轴承的安装要求（3 分）			
4	工业机器人中齿轮的安装要求（3 分）			
5	工业机器人中同步带轮的安装要求（3 分）			
6	工业机器人中电动机和减速器的安装要求（3 分）			
7	工业机器人中机架的安装要求（3 分）			

（续）

知识理论（42 分）				
序号	评估内容	自评	互评	师评
8	工业机器人中电气接线的要求（3 分）			
9	工业机器人中电器元件的安装要求（3 分）			
10	对工业机器人安装耗材（工业擦拭纸、螺纹紧固剂、润滑脂、密封胶）的认知（3 分）			
11	对吊装工具和配件（吊环螺钉、钢丝绳、手拉葫芦、钢丝绳电动葫芦）的认知（3 分）			
12	对工业机器人安装过程中人身安全事项的熟悉（3 分）			
13	对工业机器人安装过程中机器人安全事项的熟悉（3 分）			
14	对工业机器人安装过程中吊车作业安全事项的熟悉（3 分）			
技能操作（45 分）				
序号	评估内容	自评	互评	师评
1	螺钉旋具的使用（3 分）			
2	扳手的使用（3 分）			
3	扭力扳手的使用（3 分）			
4	手钳的使用（3 分）			
5	剥线钳的使用（3 分）			
6	压线钳的使用（3 分）			
7	万用表的使用（3 分）			
8	游标卡尺的使用（3 分）			
9	深度尺的使用（3 分）			
10	千分表的使用（3 分）			
11	手动压力机的使用（3 分）			
12	锤子的使用（3 分）			
13	美工刀的使用（3 分）			
14	吹气枪的使用（3 分）			
15	黄油枪的使用（3 分）			
综合评价				

巩固与提高

1. 选择题

1）把剥开的线头和线鼻子（即接线柱）压合在一起的工具是（　　），把单股线和多股线线头剥开的工具是（　　）。

　　A. 手钳　　　　　　B. 扳手　　　　　　C. 剥线钳　　　　　D. 压线钳

2）在紧固螺钉、螺母等螺纹紧固件时需要控制施加的转矩大小，以保证其紧固且不至于因转矩过大破坏螺纹，所以需用（　　）来操作。

　　A. 扳手　　　　　　B. 扭力扳手　　　　C. 手钳　　　　　　D. 螺钉旋具

2. 思考题

1）如何使用万用表测量电流、电压和电阻？

2）列举 3 个安装机器人时的常用工具，并简述这些工具的使用方法。

3）简述螺纹紧固剂、密封胶、润滑脂各自的用处。

4）在安装工业机器人时，人身安全需放在第一位，简要叙述保障人身安全的措施。

5）读出图 2-26 所示游标卡尺（游标尺上有 50 个等分刻度）的读数。

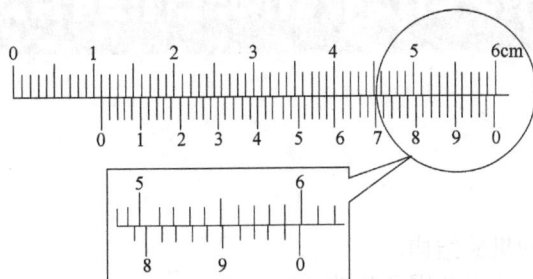

图 2-26　读取游标卡尺

Chapter 3

项目 3

工业机器人的机械结构和原理认知

学习目标

1）掌握工业机器人的机械结构。

2）熟悉各驱动装置的适用范围和优缺点。

3）熟悉谐波减速器和 RV 减速器在工业机器人上各自的特点和安装位置。

4）掌握工业机器人 6 轴的概念及各轴的构造和动作方式。

5）掌握工业机器人各类坐标系的建立方式和作用。

6）通过示教盒熟练操作工业机器人各关节的动作。

7）熟悉工业机器人的运动原理。

8）熟悉工业机器人的各项技术参数所反映的指标。

任务 1　掌握工业机器人的机械结构

任务描述

关节型机器人具有操作灵活、运动速度较高、操作范围大等优势，成为当前工业领域中最常见的工业机器人形态。学生应掌握关节型机器人的机械结构，即底座、手臂、手腕和末端执行器（下文所讨论的工业机器人均指关节型工业机器人）。本任务的逻辑结构如下：

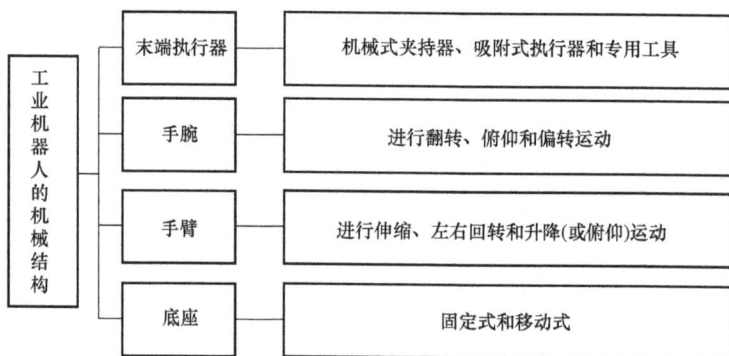

相关知识

关节型工业机器人的机械结构包括底座、手臂、手腕和末端执行器四大部分，见图 3-1。

1. 末端执行器

末端执行器又称为手部，是工业机器人与工件、工具等直接接触并作业的装置。它具有模仿人手动作的功能，安装于机器人手腕或手臂的机械接口上。按照用途和结构的不同，可将其分为机械式夹持器、吸附式执行器和专用工具3类。

（1）机械式夹持器　机械式夹持器通过手爪的开闭动作实现对物体的夹持，按照夹取物体的方式的不同，又分为内撑式夹持器和外夹式夹持器，见图3-2。

（2）吸附式执行器　吸附式执行器靠吸附力取料，根据吸附力来源的不同分为气吸式（利用吸盘内压力与大气压之间的压力差工作）和磁吸式（利用电磁吸力工作）。吸附式执行器适应于大平面（单手接触无法抓取）、易碎（玻璃、磁盘）、微小（不易抓取）的物体，特别应用于搬运机器人。

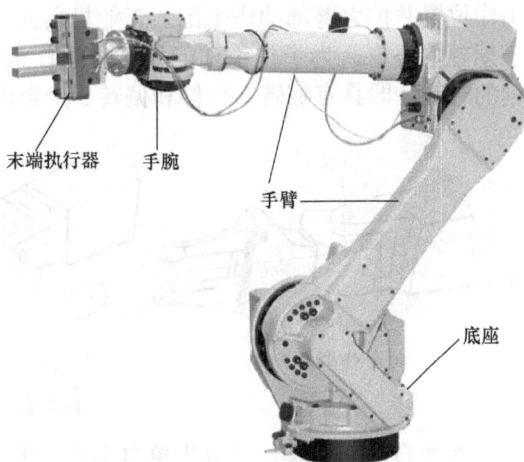

图 3-1　工业机器人的机械结构

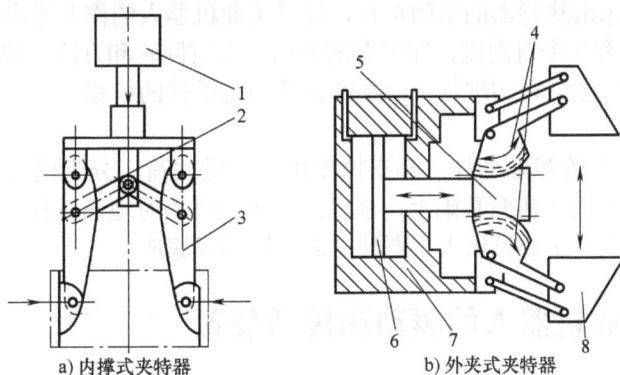

a）内撑式夹持器　　　b）外夹式夹持器

图 3-2　机械式夹持器

1—电磁铁　2—拉杆　3、8—夹爪　4—扇形齿轮　5—齿条　6—活塞　7—气缸

（3）专用工具　专用工具是用于完成某项作业所需要的装置，如完成焊接作业所需要的焊枪等，见图3-3。

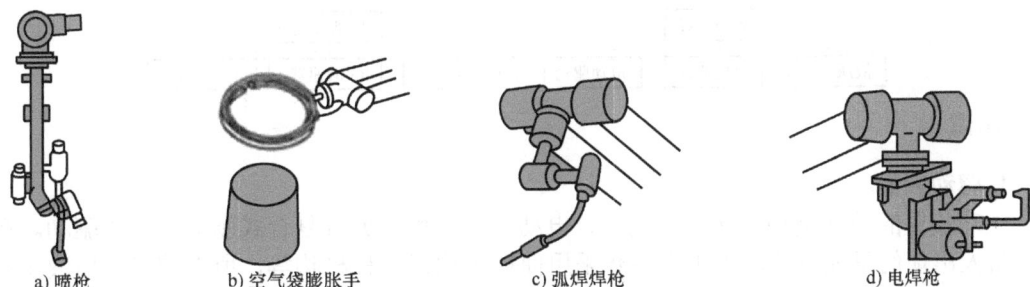

a）喷枪　　　b）空气袋膨胀手　　　c）弧焊焊枪　　　d）电焊枪

图 3-3　专用工具

2. 手腕

手腕是连接工业机器人手部和手臂的部件，用来调整末端执行器的方位和姿态，确定手部

工作位置并扩大臂部动作范围。工业机器人一般需要 6 个自由度才能使手部达到目标位置并处于期望的姿态。为了使手部能处于空间任意位置，要求腕部能实现绕空间 X、Y、Z 3 个坐标轴的转动，即具有翻转、俯仰和偏转 3 个自由度，见图 3-4。

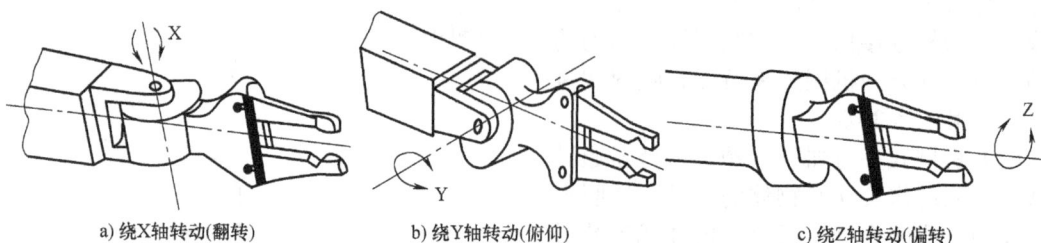

a) 绕X轴转动(翻转)　　　　　b) 绕Y轴转动(俯仰)　　　　　c) 绕Z轴转动(偏转)

图 3-4　腕部自由度

按照自由度分类，可分为单自由度手腕、2 自由度手腕和 3 自由度手腕；按照驱动方式分类，可分为直接驱动手腕和远距离传动手腕。

3. 手臂

手臂是连接工业机器人机身和手腕的部件，完成主运动，并支撑着手腕、末端执行器和工件的重量。它由操作机的动力关节和连杆组成，各种运动通常由驱动机构和各种传动机构来实现，从而改变手腕和末端执行器的空间位置，满足工业机器人的作业需求。

一般机器人手臂有 3 个自由度，即手臂的伸缩、左右回转和升降（或俯仰）运动。手臂回转和升降运动是通过机座立柱实现的，立柱的横移即为手臂的横移。

4. 底座

底座是工业机器人的基础部件，起支撑作用，承受载荷，分为固定式和移动式两种。其中，固定式底座直接连接在地面基础上，移动式底座则可相对地面进行运动，并分为固定轨迹和无固定轨迹两种方式。工业机器人主要使用固定轨迹式底座。

任务2　熟悉工业机器人的驱动和传动装置

任务描述

驱动装置是把驱动元件的运动传递给机器人关节和动作部位的装置，而传动装置是用来带动机械臂产生运动，以保证末端执行器满足作业要求的精确的位置、姿态和运动的装置。学生应熟悉各驱动和传动装置的适用范围和优缺点。本任务的逻辑结构如下：

相关知识

1. 驱动装置

驱动装置的基本类型有液压、气压、电动驱动 3 种，另有复合式驱动和新型驱动。在工业机器人出现的早期阶段，由于大多数采用曲柄机构或连杆机构等，所以较多采用液压和气压驱动，但随着工业机器人对作业精度和速度的要求越来越高，现在多采用电动驱动和新型驱动，但在功率要求较大、运动精度要求不高或有防爆要求的场合，液压和气压驱动的应用仍较多。

（1）液压驱动　液压驱动以液压油为工作介质，基于液压油对活塞或叶片的作用进行驱动。它的特点是功率大、结构简单，可省去减速装置，直接与被驱动杆件相连，使得结构紧凑、响应快。伺服驱动具有较高的精度，但需要增设液压源，且易产生液体泄漏，不适合高、低温及有洁净要求的场合。目前，特大功率且低速的操作机器人多采用液压驱动。

液压驱动的优点是：①易达到较高的单位面积压力，可获得较大的推力和转矩；②液压油的可压缩性小，可得到较高的位置精度和平稳可靠的动作；③力、速度和方向易实现自动控制；④具有防锈性和自润滑的特性，能提高机械效率和系统使用寿命。

液压驱动的缺点是：①油液黏度随温度变化而变化，影响工作性能，且过高的油温易引起燃烧甚至爆炸；②液体的泄漏不可避免，这就要求液压元件有较高的精度和质量，导致造价过高；③需要相应的供油系统和滤油装置，否则会引起故障。

（2）气压驱动　气压驱动是最简单的驱动方式，驱动原理与液压驱动相似，但与液压驱动相比，同体积条件下的功率较小，且速度不易控制，因此多用于中小负载、快速驱动、精度要求不高但有洁净、防爆要求的点位控制型机器人。

气压驱动的优点是：①压缩空气黏度小，因此容易达到高速；②空气介质对环境无污染，使用安全，可在易燃、易爆、多尘埃、强磁、辐射、振动等恶劣的条件下使用；③工作压力低，因而制造精度要求低，价格便宜；④空气具有可压缩性，使气动系统能够实现过载自我保护，提高了系统的安全性和柔软性。

气压驱动的缺点是：①压缩空气常用压力在 0.4 ～ 0.6MPa，要想获得更大的动力，需要增大结构；②由于空气压缩性大，使得工作平稳性差且难以实现精确的位置控制；③压缩空气的除水问题处理不当易造成零件生锈；④排气会造成较大的噪声。

（3）电动驱动　电动驱动是利用电动机直接或通过机械传动装置来驱动执行机构，是目前在工业机器人上应用最多的一种驱动方式，早期多采用步进电动机，后来发展成了直流伺服电动机，现在，交流伺服电动机得到了较多的应用。

电动驱动的能源简单、调速范围大、效率高、转动惯性小、速度和位置精度高，但多与减速装置相连，直接驱动比较困难，控制系统较为复杂，成本也较前两种驱动的高。按照电动机的选型不同，电动驱动分为步进电动机驱动、直流伺服电动机驱动和交流伺服电动机驱动。

1）步进电动机，多为开环控制，控制简单且功率不大，多用于低精度、小功率的机器人。

2）直流伺服电动机，易于控制，机械特性较好，但电刷易磨损且易形成火花。

3）交流伺服电动机，结构简单、外形尺寸小、加速性能好、运行可靠、可频繁起 / 制动、没有无线电波干扰、无电刷等易磨损元件，并能在重载下高速运行，但控制系统较为复杂。

2. 传动装置

工业机器人的传动系统要求结构紧凑、重量轻、转动惯量和体积小，要求消除传动间隙，以提高其运动和位置精度。目前，工业机器人上广泛采用减速器作为机械传动单元，尤其是关节型机器人，每个关节上都装有减速器。

减速器是一种动力传递机构，利用齿轮的速度转换器，将电动机的转速减速到所要的转速，并得到较大转矩。普遍应用于关节型机器人上的减速器主要有两类：谐波减速器和 RV 减速器。一般将 RV 减速器放置在基座、腰部、大臂等重负载的位置（20kg 以上的机器人关节），而将谐波减速器放置在小臂、手腕、手部等轻负载的位置（20kg 以下的机器人关节）。

（1）谐波减速器　谐波减速器是利用行星齿轮传动原理发展起来的一种新型减速器，它由3 个基本构件组成：带有内齿圈的刚性齿轮（刚轮），相当于行星齿轮系中的太阳轮；带有外齿圈的柔性齿轮（柔轮），相当于行星齿轮；波发生器，相当于行星架，见图3-5。谐波减速器依靠波发生器使柔轮产生可控弹性变形，并靠其与刚轮啮合来传递运动和动力。

谐波减速器具有运动精度高、运动平稳、传动比范围大、质量小、体积小和承载能力大等优点，而且能在密闭空间传递运动和动力，并能实现高增速运动和差速传动。其缺点是在谐波齿轮传动中柔轮每转一圈发生两次椭圆变形，引起较大的扭转变形角，极易引起材料的疲劳损坏，损耗功率大。同时，受轴承间隙等影响可能引起较大的回程误差，且不具有自锁功能。

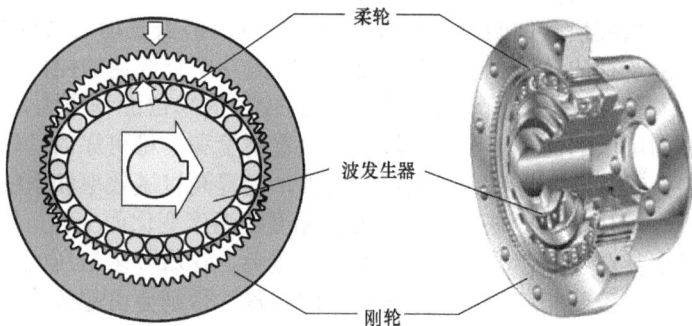

图 3-5　谐波减速器结构

（2）RV 减速器　RV 减速器由第一级渐开线圆柱齿轮行星减速机构和第二级摆线针轮行星减速机构两部分组成，具体由太阳轮、行星齿轮、转臂（曲柄轴）、摆线轮（RV 齿轮）、针齿、针齿壳、输出轴等零部件组成，见图 3-6。执行电动机的旋转运动由齿轮轴和太阳轮传递给两个渐开线行星齿轮，进行第一级减速；行星齿轮的旋转通过曲柄轴带动相距 180° 的摆线轮，从而生成摆线轮的公转，同时，由于摆线轮在公转过程中会受到固定于针齿壳上针齿的作用力而形成与摆线轮公转方向相反的转矩，进而

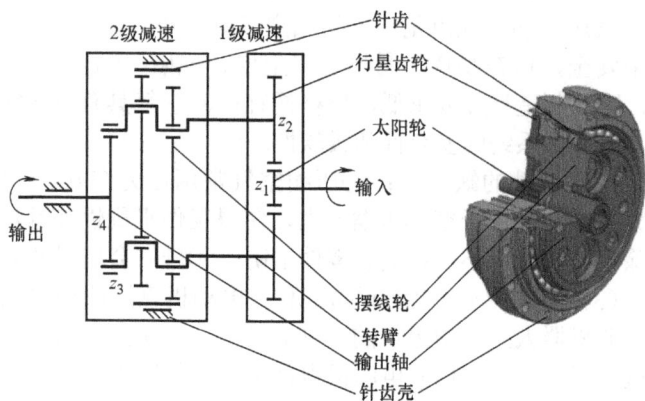

图 3-6　RV 减速器结构

造成摆线轮的自转，完成第二级减速。运动的输出通过两个曲柄轴使摆线轮与刚性盘构成平行四边形的等角速度输出机构，将摆线轮的转动等速传递给刚性盘及输出盘。

　　RV 传动是在摆线针轮传动基础上发展起来的一种新型传动方式，具有谐波传动优点的同时，有较高的疲劳强度、刚度，稳定的回转精度和较长的使用寿命，并在一定条件下具有自锁功能，因此高精度机器人多使用 RV 减速器进行传动。该种减速器在先进机器人传动中有逐渐取代谐波减速器的发展趋势。

　　（3）其他传动方式　工业机器人中还有圆柱齿轮传动、行星传动、链传动、四杆传动等传动方式，见表 3-1。

表 3-1　其他传动方式

传动方式	特点	运动形式	传动距离	应用部件	实例（机器人型号）
圆柱齿轮	用于手臂第一转动轴，提供大转矩	转 - 转	近	臂部	Unimate PUMA560
锥齿轮	转动轴方向垂直相交	转 - 转	近	臂部 腕部	Unimate
蜗轮蜗杆	大传动比，重量大，有发热问题	转 - 转	近	臂部 腕部	FANUC M1

（续）

传动方式	特点	运动形式	传动距离	应用部件	实例（机器人型号）
行星传动	大传动比，价格高，重量大	转-转	近	臂部腕部	Unimate PUMA560
谐波传动	很大的传动比，尺寸小，重量轻	转-转	近	臂部腕部	ASEA
链传动	无间隙，重量大	转-转 转-移 移-转	远	移动部分腕部	ASEA IR66
同步齿形带	有间隙和振动，重量轻	转-转 转-移 移-转	远	腕部手爪	KUKA
钢丝传动	远距离传动很好，有轴向延伸问题	转-转 转-移 移-转	远	腕部手爪	S.Hirose
四杆传动	远距离传动性能很好	转-转	远	臂部手爪	Unimate 2000
曲柄滑块机构	特殊应用场合	转-移 移-转	远	腕部手爪臂部	
丝杠螺母	传动比大，摩擦与润滑问题	转-移	远	腕部手爪	精工 PT300H
滚珠丝杠螺母	很大的传动比，精度高，可靠性高，昂贵	转-移	远	臂部腕部	Motorman L10
齿轮齿条	精度高，价格低	转-移 移-转	远	腕部手爪臂部	Unimate 2000
液压、气压	效率高，寿命长	移-移	远	腕部手爪臂部	Unimate

扩展知识

工业机器人中的新型驱动方式

（1）形状记忆合金驱动　形状记忆合金是一种特殊的合金，一旦使它记忆了任何形状，即使产生变形，将其加热到某一适当温度，即可恢复到变形前的形状。该种驱动方式具有位移较大、功率重量比高、变位迅速、方向自由的特点，尤其适用于小负载、高速度、高精度的机器人，如显微镜内样品的移动装置、反应堆驱动装置、医用设备等。但同时该种驱动方式也存在着效率较低、疲劳寿命短的缺点。图3-7所示为美国科学家研制出的具有形状记忆合金四肢的机器蝙蝠，是用于侦察或者收集信息的飞行器。

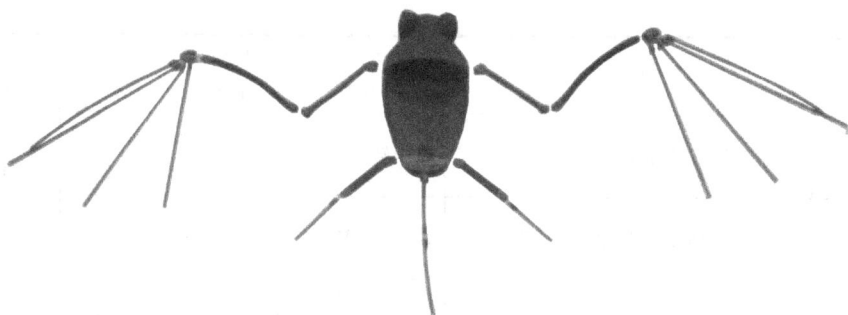

图 3-7 具有形状记忆合金四肢的机器蝙蝠

（2）磁致伸缩驱动　磁致伸缩材料置于磁场中时，其几何尺寸会发生变化，通过改变磁场，可使材料收缩或伸展，进而实现驱动。目前磁致伸缩材料的主流是稀土超磁致伸缩材料，具有伸缩效应大、机电耦合系数高、响应速度快、输出力大等特点，它的出现为新型驱动装置的研制和开发提供了一种行之有效的方法，引起了国际上相关邻域的极大关注。

美国波士顿大学研制出了一台使用压电微电动机驱动的机器人——"机器蚂蚁"。"机器蚂蚁"的每条腿是长 1mm 或不到 1mm 的硅杆，通过不带传动装置的压电微电动机来驱动各条腿运动。

（3）超声波电动机驱动　超声波电动机利用压电材料的逆压电效应，将电能转换为弹性体的超声振动，并将摩擦传动转换成运动体的回转或直线运动。与传统电磁式电动机相比，它具有结构简单紧凑、转矩质量比大、低速大转矩、动作响应快、断电自锁和无电磁噪声等优点，但同时它摩擦损耗大、效率低、输出功率小且寿命短。

（4）压电驱动　利用在压电陶瓷等材料上施加电压而使其产生变形的压电效应，将电能转变为机械能或机械位移，实现微量位移。压电材料具有易微型化、控制方便、低压驱动、对环境影响小以及无电磁干扰等优点。压电驱动装置利用电场能可以实现几微米到几百微米的位移，所以一般用于特殊用途的微型机器人系统中。

任务 3　掌握工业机器人运动轴的构造和运动方式

任务描述

运动轴（包括本体轴和外部轴）是工业机器人的主要组成部分，其数量决定了机器人动作的灵活性。我们应了解什么是外部轴，并掌握本体轴各轴的构造和运动。本任务的逻辑结构如下：

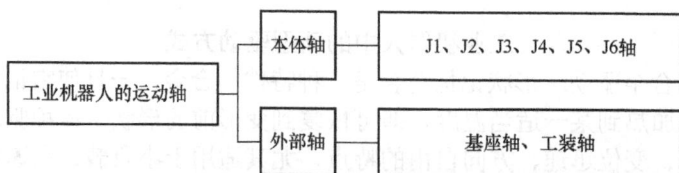

```
                      ┌──本体轴──── J1、J2、J3、J4、J5、J6轴
工业机器人的运动轴────┤
                      └──外部轴──── 基座轴、工装轴
```

相关知识

通常将工业机器人的运动轴分为本体轴和外部轴两类，其中外部轴包括基座轴和工装轴。

（1）本体轴　本体轴是机器人操作机上的轴，属于机器人本身，目前工业机器人大多采用 6 轴（J1～J6）关节型，见图 3-8。

（2）基座轴　基座轴是使机器人整体移动的轴，如行走轴（滑移平台或导轨）。

（3）工装轴　工装轴是本体轴和基座轴以外的轴，指使工件、工装夹具翻转和回转的轴，如翻转台、回转台。

常见的 6 轴关节型机器人有 6 个可活动的关节（轴），分别对应 6 个自由度：腰转、大臂转、小臂转、腕转、腕摆及腕捻。各工业机器人制造企业对本体轴的定义各不相同，见表 3-2。

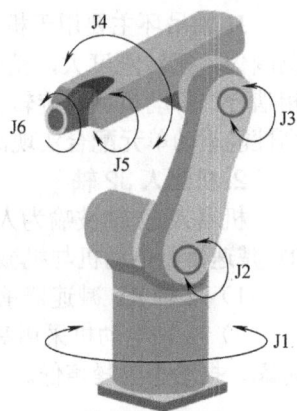

图 3-8　工业机器人的本体轴

表 3-2　工业机器人本体轴的定义

轴类型	轴名称				动作说明
	ABB	FANUC	YASKAWA	KUKA	
主轴 （基本轴）	轴 1	J1	S 轴	A1	本体左右回转
	轴 2	J2	L 轴	A2	大臂上下运动
	轴 3	J3	U 轴	A3	小臂前后运动
次轴 （腕部轴）	轴 4	J4	R 轴	A4	手腕回旋运动
	轴 5	J5	B 轴	A5	手腕上下摆运动
	轴 6	J6	T 轴	A6	手腕圆周运动

注：1. 主轴（基本轴），属于定位关节，用来使末端执行器到达工作空间的任意位置。
　　2. 次轴（腕部轴），属于定向关节，用于实现末端执行器的任意空间姿态。

1. 机器人 J1 轴

机器人 J1 轴被喻为人的肩关节，其承担机器人 6 个轴的总重量，主要由吊环、RV 减速器、电动机组成，见图 3-9。

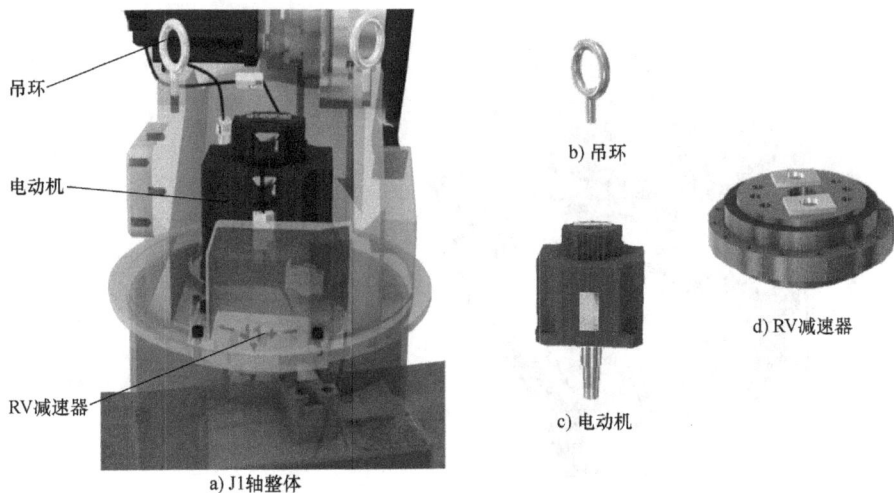

b) 吊环

d) RV减速器

c) 电动机

a) J1轴整体

图 3-9　机器人 J1 轴的构造

J1 轴吊环主要用于机器人出厂及现场搬运时起重机悬挂倒钩；J1 轴 RV 减速器具有传动比范围大，扭转刚度大，精度高，间隙回差小等特性。经过内部行星齿轮、齿轮轴、RV 齿轮互相啮合，带动机械臂旋转；J1 轴电动机采用高精度光电编码器，低速特性好，过载能力强，与高性能驱动单元配合实现高精度机器人的速度和位置控制。

2. 机器人 J2 轴

机器人 J2 轴被喻为人的上臂，其主要作用是通过改变运动方向接近或远离物体，主要由 RV 减速器、电动机与机械臂组成，见图 3-10。

1）J2 轴 RV 减速器承载重量大，传动比范围大，精度高。

2）J2 轴电动机采用高精度轴承和转子高精度平衡工艺，确保电动机运行在高转速时稳定可靠、振动小、噪声低。

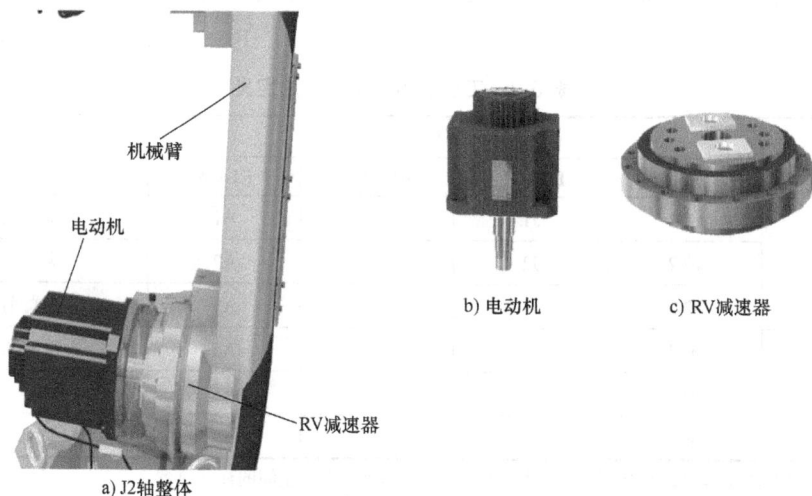

图 3-10　机器人 J2 轴的构造

3. 机器人 J3 轴

机器人 J3 轴被喻为人手臂的肘关节，用来控制机器人上下移动，其主要由走线管、RV 减速器、电动机组成，见图 3-11。

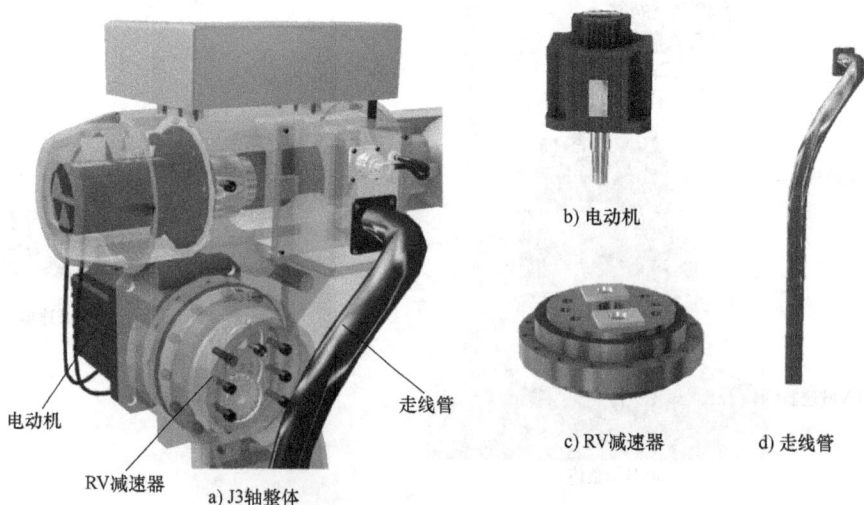

图 3-11　机器人 J3 轴的构造

1）走线管用于保护 J3 ～ J6 轴电动机电源、编码线，防止磨损或碰撞。

2）J3 轴减速器通过小体积传递大的转矩，缩小轴向尺寸。

3）J3 轴电动机与 J2 轴电动机型号一致，即零速转矩相同。

4. 机器人 J4 轴

机器人 J4 轴被喻为人的前臂，过载能力强，可实现运转速度的高精度控制，主要由机械臂、谐波减速器、交流伺服电动机组成，见图 3-12。

1）J4 轴谐波减速器是依靠柔性零件产生弹性机械波来传递动力。

2）J4 轴电动机为交流伺服电动机，采用光电编码器进行信号反馈，是驱动电压为 220V 的高精度、高转速电动机。

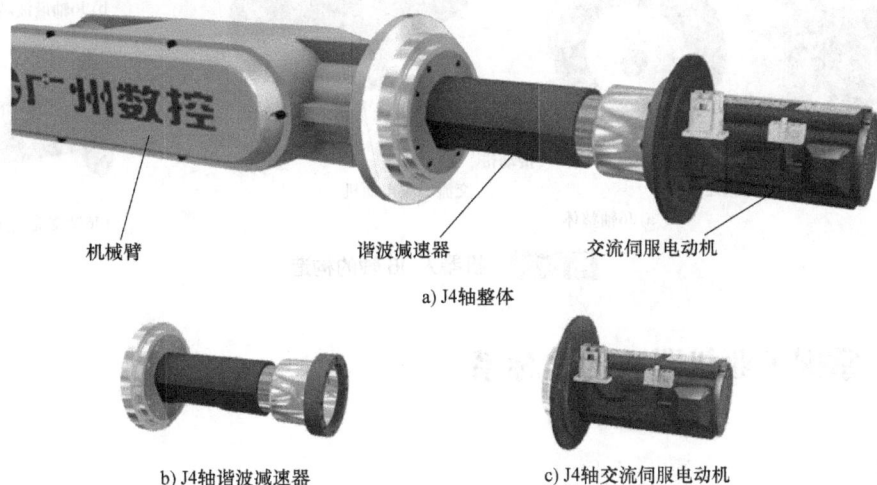

机械臂　　　　　　　　谐波减速器　　　　　交流伺服电动机

a) J4 轴整体

b) J4 轴谐波减速器　　　　　　　c) J4 轴交流伺服电动机

图 3-12　机器人 J4 轴的构造

5. 机器人 J5 轴

机器人 J5 轴类似于人手臂的腕关节，主要由谐波减速器、交流伺服电动机、传动带组成，见图 3-13。

1）机器人 J5 轴谐波减速器采用波发生器主动、刚性齿轮固定、柔性齿轮输出的形式。

2）J5 轴电动机与 J4 轴电动机相同，通过传动带与谐波减速器配合驱动 5 轴关节动作。

传动带

交流伺服电动机

谐波减速器

a) J5 轴整体

b) J5 轴谐波减速器

c) J5 轴交流伺服电动机

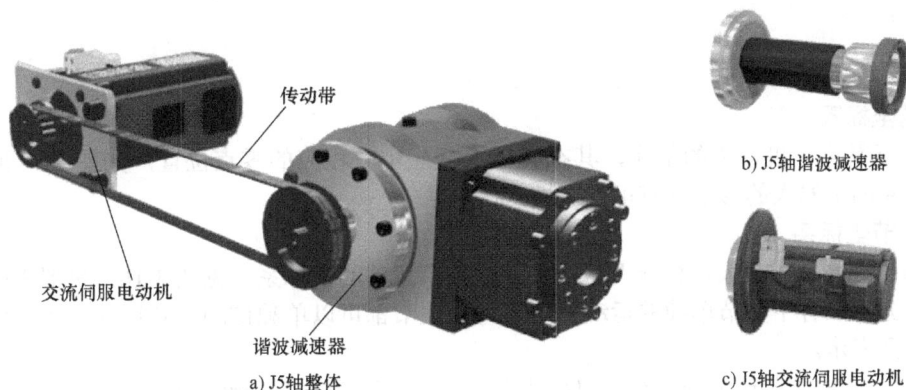

图 3-13　机器人 J5 轴的构造

6. 机器人 J6 轴

机器人 J6 轴类似为人手腕部，能使抓取物正反向 360° 旋转，方便灵活。其主要由谐波减速器、交流伺服电动机、传动带组成，见图 3-14。

1）机器人 J6 轴谐波减速器有着体积小、重量轻，承载能力大，运动精度高的特点。

2）机器人 J6 轴电动机为交流伺服电动机，通过传动带与谐波减速器配合驱动 6 轴关节运动。

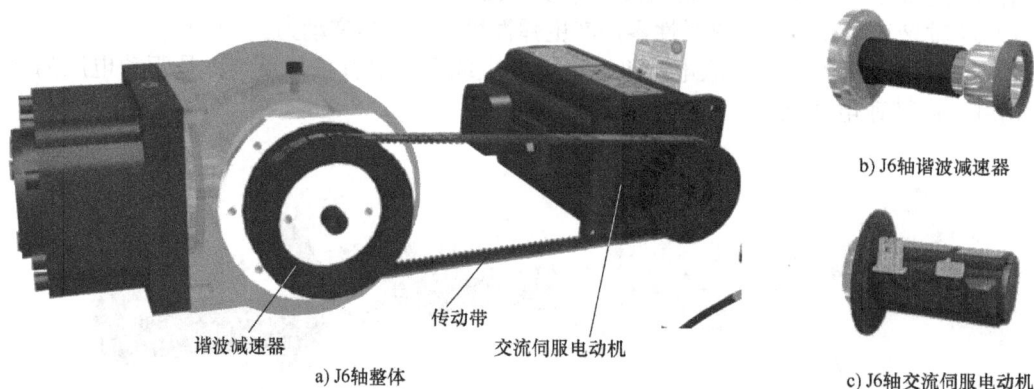

谐波减速器　传动带　交流伺服电动机

a) J6 轴整体

b) J6 轴谐波减速器

c) J6 轴交流伺服电动机

图 3-14　机器人 J6 轴的构造

任务 4　掌握工业机器人的坐标系

任务描述

机器人的运动实质是根据不同作业内容、轨迹的要求，在各种坐标系下的运动。描述机器人的运动时使用的坐标系有基坐标系、关节坐标系、工具坐标系和用户坐标系。我们应掌握这 4 种坐标系各自的建立方式和作用。本任务的逻辑结构如下：

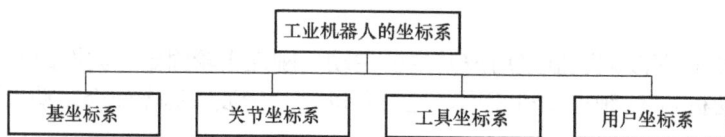

相关知识

1. 基坐标系

基坐标系位于机器人的基座，其在机器人基座中有相应的零点位置，如图 3-15 所示，这使固定安装的机器人的移动具有可预测性。

2. 关节坐标系

关节坐标系是用来表示机器人每一个独立关节运动的坐标系，见图 3-16。机器人的所有运动都可以分解为各个关节单独的运动，这样每个关节都可以单独控制，其运动也可以用单独的关节坐标系表示。

以 J2、J4 轴的运动举例，来学习机器人在关节坐标系下的运动方式。

（1）J2 轴的运动　按示教盒上的【Y-】和【J2-】按钮，J2 轴开始绕 Y 轴旋转，见图 3-17。

（2）J4 轴的运动　按示教盒上的【A-】、【J4-】按钮，J4 轴开始旋转，见图 3-18。

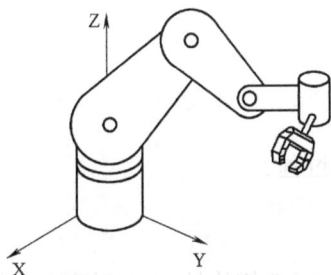

图 3-15　基坐标系

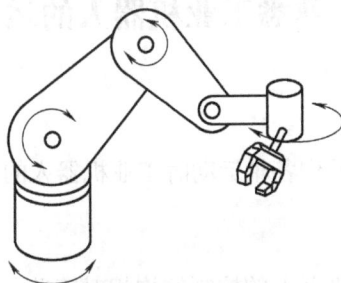

图 3-16　关节坐标系

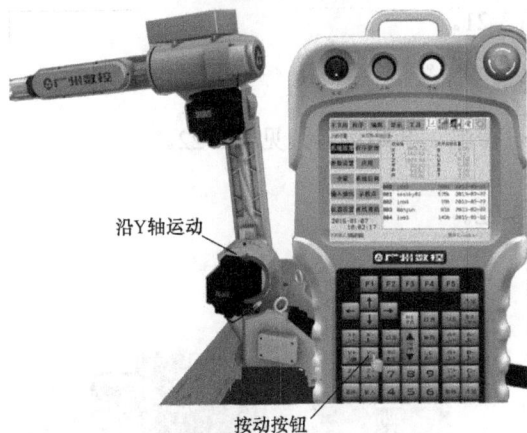

沿Y轴运动

按动按钮

图 3-17　J2 轴的运动

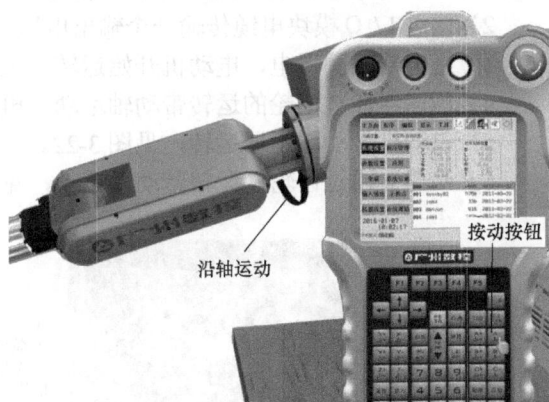

沿轴运动

按动按钮

图 3-18　J4 轴的运动

3. 工具坐标系

工具坐标系用来描述机器人末端执行器相对于固连在末端执行器上的坐标系的运动，见图 3-19。由于本地坐标系随着机器人一起运动，从而工具坐标系是一个活动的坐标系，它随着机器人的运动而不断改变，因此工具坐标系所表示的运动也不相同，这取决于机器人手臂的位置以及工具坐标系的姿态。使用工具坐标系便于操作者对机器人靠近、离开或安装零件时进行编程。

4. 用户坐标系

用户坐标系可以设定任意角度的 X、Y、Z 轴，当机器人配备多个工作台时，选择用户坐标系可使操作更为简单。在用户坐标系中，机器人沿各轴平行移动，末端执行器通过关节运动到指定点。使用示教盒能够完成用户坐标系设置，见图 3-20。

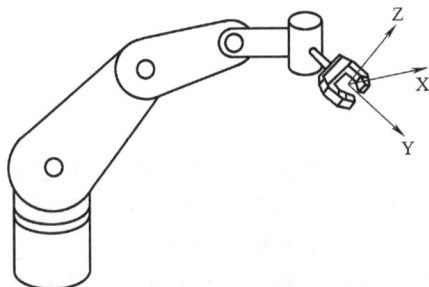

图 3-19　工具坐标系

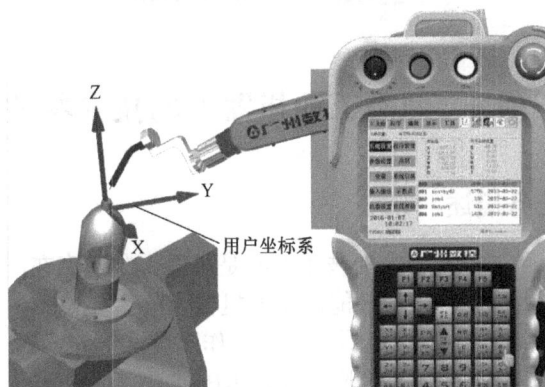

用户坐标系

图 3-20　用户坐标系

任务5 熟悉工业机器人的运动原理

任务描述

熟悉操作各轴运动时工业机器人的控制机制和动作过程。

相关知识

工业机器人的控制结构相对简单，主要由控制器及I/O模块控制，下面以J1轴的运动为例，介绍其具体的运动原理，具体步骤如下：

1）示教命令给J1控制器一个输入信号，见图3-21。
2）通过I/O模块电缆传输一个输出电压，见图3-21。
3）继电器线圈得电，电动机开始运转，见图3-21。
4）减速器通过齿轮的运转带动轴运动，电动机得电，开始运转，见图3-22。
5）电动机带动减速器运转，见图3-22。
6）减速器通过齿轮的运转带动轴运动，见图3-22。

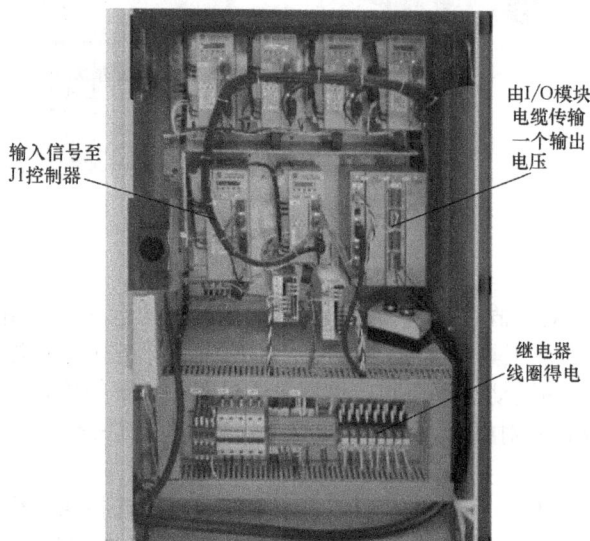

图 3-21　J1 轴控制器结构

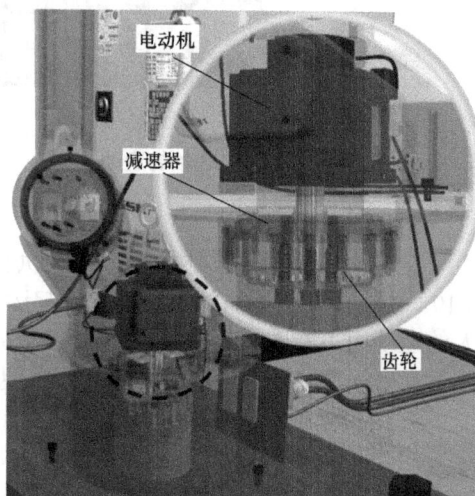

图 3-22　J1 轴运动部件结构

任务6 熟悉工业机器人的技术参数

任务描述

工业机器人的技术参数是机器人制造商在产品供货时所提供的技术数据，反映了机器人的适用范围和工作性能。工业机器人的主要技术参数有：自由度、工作精度（定位精度和重复定位精度）、工作范围、最大工作速度和额定负载等。应熟悉这些技术参数所反映的指标。这里以广州数控设备有限公司的RB 08型工业机器人为例，详细介绍其技术参数和尺寸。本任务的逻辑结构如下：

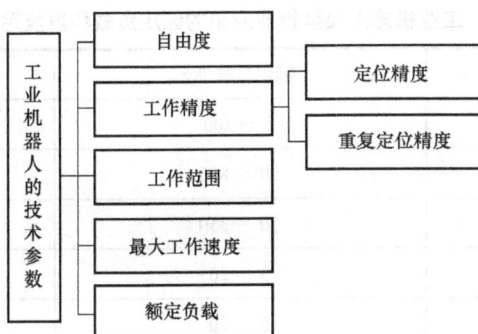

相关知识

1. 自由度

　　机器人的自由度是指机器人所具有的独立运动坐标轴的数目，不包括手部（末端执行器）的开合自由度。自由度作为机器人的重要技术指标，反映了机器人的机动性和灵活性。

　　在三维空间中描述一个物体的位置和姿态时需要 6 个自由度，根据用途设计，机器人的自由度可能小于 6 个，也可能大于 6 个。在完成某一特定作业时具有多余自由度的机器人叫作冗余自由度机器人。PUMA 562 机器人具有 6 个自由度，而当其执行在印制电路板上接插电子器件的作业时就成为冗余自由度机器人，见图 3-23。

腰转关节308°
肩关节314°
肘关节292°
腕关节偏转534°
腕关节仰俯244°
腕关节翻转578°

图 3-23　PUMA 562 机器人的自由度

利用冗余自由度，可以提高机器人的灵活性、障碍物躲避能力和动力性能。一般来讲，焊接和涂装机器人多数有 6 或 7 个自由度，而搬运、码垛和装配机器人多数有 4～6 个自由度。

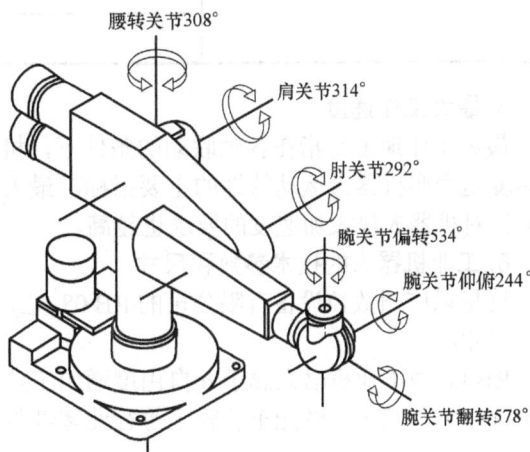

2. 额定负载

　　机器人的额定负载是指在正常工作条件下，其手部所能承受负载的允许值。目前工业机器人的额定负载范围可达 0.5～800kg。

3. 工作精度

　　机器人的工作精度主要是指定位精度和重复定位精度。定位精度是指机器人的手部实际到达的位置与目标位置之间的差异；重复定位精度是指机器人重复定位手部于同一目标位置的能力，通常用标准偏差来表示。

　　一般而言，工业机器人的定位精度要比重复定位精度低 1～2 个数量级。目前，工业机器人的重复定位精度可达 ±（0.01～0.5）mm。大多数商品化工业机器人以示教再现方式工作，其重复定位精度是关键指标，而对于其他编程方式（如离线编程）的机器人，其定位精度是关键指标。工业机器人典型行业应用的额定负载和重复定位精度见表 3-3。

4. 工作范围

　　机器人的工作范围是指机器人手臂末端或手腕中心所能到达的所有点的集合。为了真实反映机器人的特征参数，这里的工作范围不包含安装末端执行器时的工作区域。工作范围的形状和大小决定了机器人是否可能会因为存在手部不能到达的作业死区而不能完成任务。A4020 型 SCARA 机器人的工作范围见图 3-24。

表 3-3　工业机器人典型行业应用的额定负载和重复定位精度

行业	额定负载 /kg	重复定位精度 /mm
搬运	5～200	±（0.2～0.5）
码垛	50～800	±0.5
点焊	50～350	±（0.2～0.3）
弧焊	3～20	±（0.08～0.1）
涂装	5～20	±（0.2～0.5）
装配	2～5	±（0.02～0.03）
	6～10	±（0.06～0.08）
	10～20	±（0.06～0.1）

5. 最大工作速度

最大工作速度是指在各轴联动的条件下，机器人手腕中心所能达到的最大线速度。速度和加速度是表明机器人运动特性的主要指标，最大工作速度越高，生产效率越高，同时工作速度越大，对机器人最大加速度的要求也越高。

6. 工业机器人的技术参数和尺寸

这里以广州数控设备有限公司的 RB 08 型工业机器人为例，详细讲解工业机器人的技术参数和尺寸。

RB 08 型工业机器人属于 6 自由度通用工业机器人，采用垂直多关节串联结构，主要用于机床、家电、汽车、摩托车和轻工等行业零部件的搬运、弧焊、涂胶、喷涂、切割、教学和科研等。

RB 08 型工业机器人各轴的名称和方向见图 3-25，技术参数见表 3-4，外形尺寸见图 3-26，安装尺寸见图 3-27，手腕法兰盘尺寸见图 3-28，最大运动范围见图 3-29。

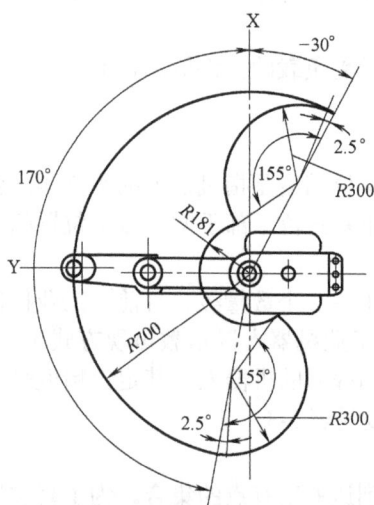

图 3-24　A4020 型 SCARA 机器人的工作范围

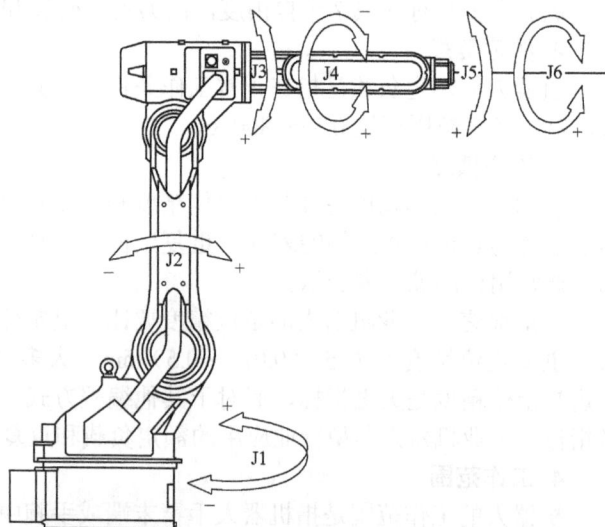

图 3-25　RB 08 型工业机器人各轴的名称和方向

表 3-4 RB 08 型工业机器人的技术参数

项目		参数
型号		RB 08
自由度		6
驱动方式		交流伺服驱动
额定负载		8kg
重复定位精度		±0.05mm
运动范围	J1 轴	±170°
	J2 轴	−85°～+120°
	J3 轴	−165°～+85°
	J4 轴	±180°
	J5 轴	±135°
	J6 轴	±360°
额定速度	J1 轴	2.09 rad/s，120°/s
	J2 轴	2.09 rad/s，120°/s
	J3 轴	2.09 rad/s，120°/s
	J4 轴	3.93 rad/s，225°/s
	J5 轴	2.53 rad/s，145°/s
	J6 轴	5.24 rad/s，300°/s
周围环境	温度	0～45℃
	湿度	20%～80%（不结露）
	其他	①避免与易燃易爆及腐蚀性气体、液体接触 ②勿溅水、油、粉尘 ③远离电器噪声源（等离子）
安装方式		地面安装
本体质量		200 kg
电气柜质量		125 kg

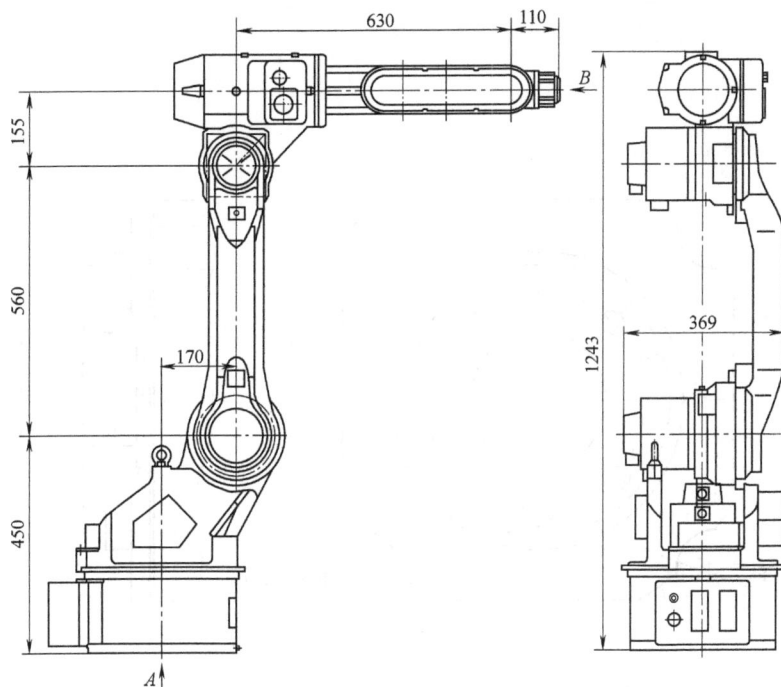

图 3-26 RB 08 型工业机器人的外形尺寸

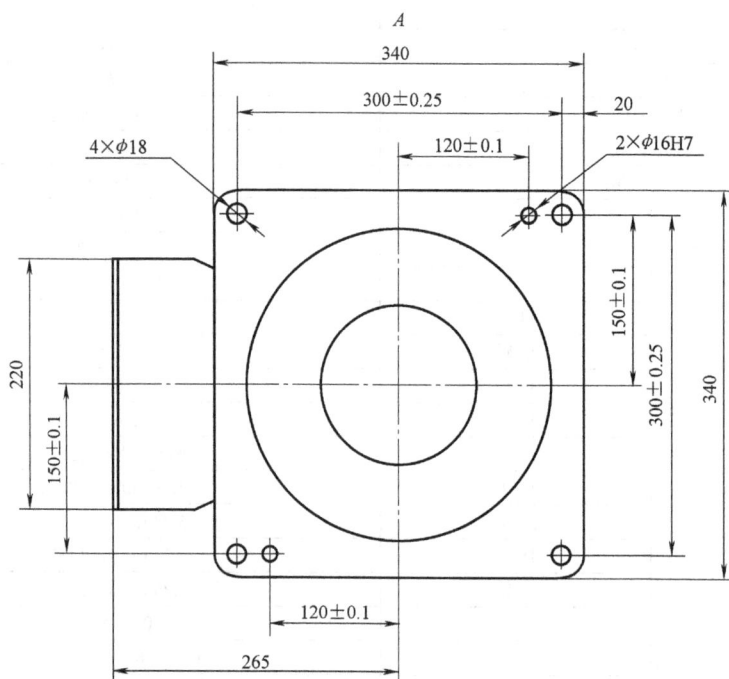

图 3-27　RB 08 型工业机器人的安装尺寸

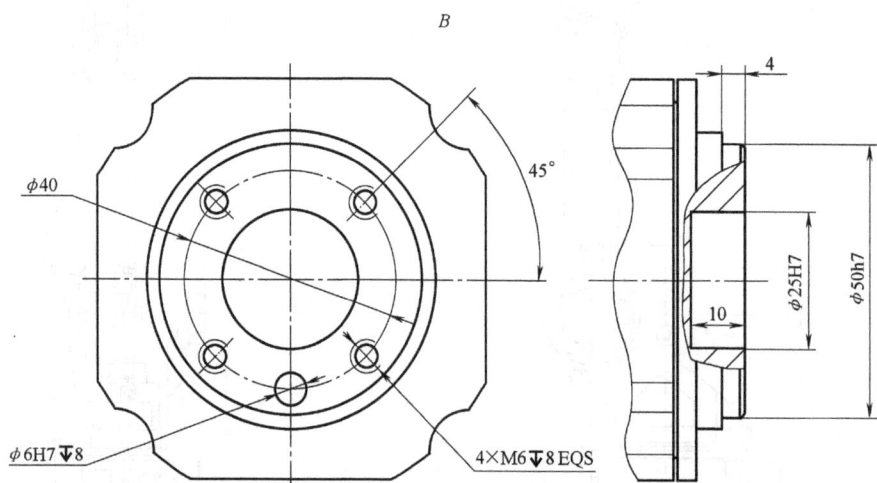

图 3-28　RB 08 型工业机器人的手腕法兰盘尺寸

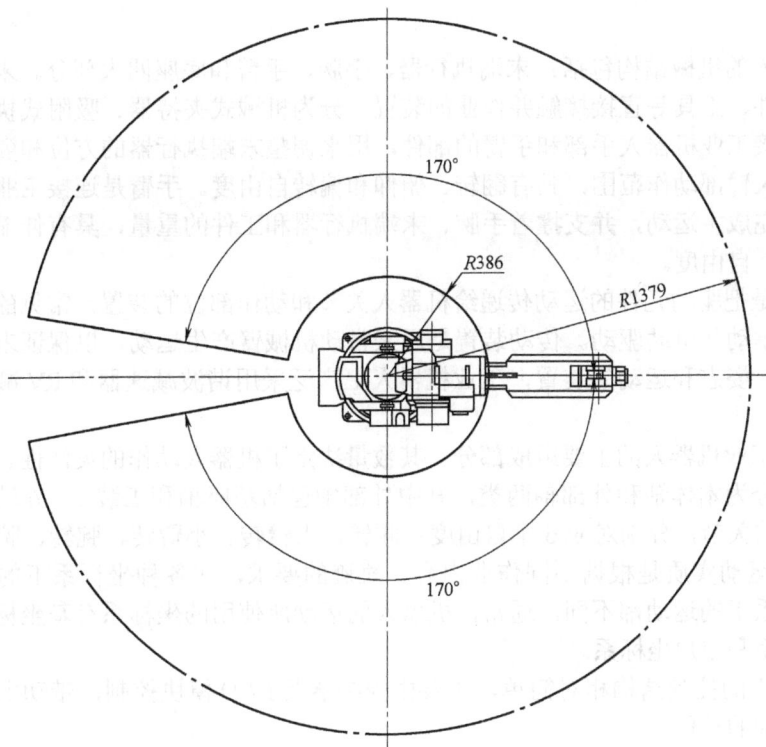

a) 俯视图

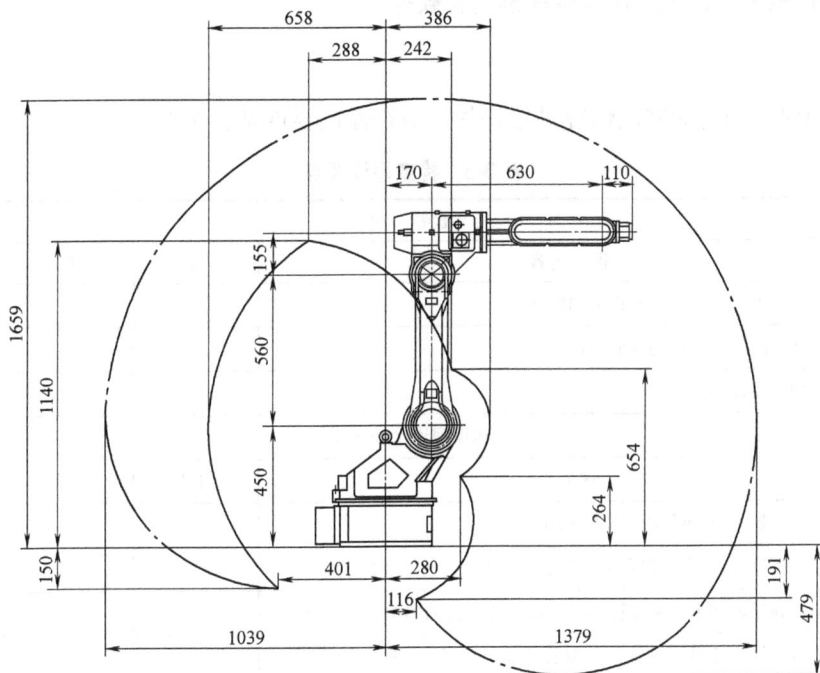

b) 主视图

图 3-29　RB 08 型工业机器人的最大运动范围

项目小结

工业机器人的机械结构包括：末端执行器、手腕、手臂和底座四大部分。末端执行器是工业机器人与工件、工具等直接接触并作业的装置，分为机械式夹持器、吸附式执行器和专用工具。手腕是连接工业机器人手部和手臂的部件，用来调整末端执行器的方位和姿态，确定手部工作位置并扩大臂部动作范围，具有翻转、俯仰和偏转自由度。手臂是连接工业机器人机身和手腕的部件，完成主运动，并支撑着手腕、末端执行器和工件的重量，具有伸缩、左右回转和升降（或俯仰）自由度。

驱动装置是把驱动元件的运动传递给机器人关节和动作部位的装置，常见的驱动装置有液压驱动、气压驱动和电动驱动。传动装置是用来带动机械臂产生运动，以保证末端执行器所要求的精确位置、姿态和运动的装置，工业机器人上广泛采用谐波减速器和 RV 减速器作为机械传动单元。

运动轴是工业机器人的主要组成部分，其数量决定了机器人动作的灵活性。通常将工业机器人的运动轴分为本体轴和外部轴两类，其中外部轴包括基座轴和工装轴，6 轴关节型机器人有 6 个可活动的关节，分别对应 6 个自由度：腰转、大臂转、小臂转、腕转、腕摆及腕捻。

机器人的运动实质是根据不同作业内容、轨迹的要求，在各种坐标系下的运动。机器人在每一种坐标系下的运动都不同，通常，机器人的运动所使用的坐标系有基坐标系、关节坐标系、工具坐标系和用户坐标系。

工业机器人的控制结构相对简单，主要由控制器及 I／O 模块控制，带动电动机和减速器运转进而带动轴的动作。

工业机器人的技术参数是机器人制造商在产品供货时所提供的技术数据，反映了机器人的适用范围和工作性能。工业机器人的主要技术参数有：自由度、工作精度（定位精度和重复定位精度）、工作范围、最大工作速度和额定负载等。

检查评议

请各小组对本项目的完成情况进行评估，检查评议要点见表 3-5。

表 3-5　检查评议要点

基本素养（20 分）			
序号	评估内容	自评	互评	师评
1	纪律（无迟到、早退、旷课）（10 分）			
2	参与度、团队协作能力（5 分）			
3	安全规范操作（5 分）			
知识理论（70 分）			
序号	评估内容	自评	互评	师评
1	对工业机器人机械结构的掌握（10 分）			
2	对工业机器人各驱动装置适用范围和优缺点的熟悉（10 分）			
3	对谐波减速器和 RV 减速器的特点和安装位置的熟悉（10 分）			
4	对工业机器人 6 轴概念及各轴构造和动作方式的掌握（10 分）			
5	对工业机器人各类坐标系的建立方式和作用的掌握（10 分）			
6	对工业机器人运动原理的熟悉（10 分）			
7	对工业机器人的各项技术参数的熟悉（10 分）			

（续）

技能操作（10 分）				
序号	评估内容	自评	互评	师评
1	通过示教盒操作工业机器人各关节的动作（10 分）			
	综合评价			

巩固与提高

1.填空题

1）工业机器人的机械结构主要包括底座、＿＿＿＿＿＿、＿＿＿＿＿＿和末端执行器。

2）普遍应用于关节型机器人上的减速器主要有两类：谐波减速器和 RV 减速器。一般将 RV 减速器放置在＿＿＿＿＿＿、＿＿＿＿＿＿、＿＿＿＿＿等重负载的位置，而将谐波减速器放置在＿＿＿＿＿＿、＿＿＿＿＿＿、＿＿＿＿＿等轻负载的位置。

3）工业机器人的额定负载是指其＿＿＿＿＿＿所能承受负载的允许值。

2.思考题

1）简要叙述工业机器人上常用的 3 种驱动方式的适用范围和优缺点。

2）简述 RV 减速器与谐波减速器的特点和各自的安装位置。

3）简述工业机器人 6 轴的构造和动作方式。

4）尝试通过示教盒操纵工业机器人上各轴的动作。

5）工业机器人的坐标系主要有哪些？它们都起到怎样的作用？

6）以 J1 轴的运动为例，简述工业机器人的运动原理。

项目 4

工业机器人的机械安装与调试

学习目标

1）了解工业机器人各轴安装所需的零部件、工装、工具和耗材。
2）掌握工业机器人各轴的安装顺序和步骤并能进行熟练操作。
3）熟悉工业机器人整机调试的主要内容和步骤并能进行熟练操作。

任务 1 掌握工业机器人的机械安装

任务描述

这里以广州数控设备有限公司生产的 RH 08 型工业机器人为例，进行工业机器人的机械安装练习。应熟悉该型工业机器人各轴安装所需的零部件、工装、工具和耗材，各轴的安装次序和步骤并能熟练操作。本任务的逻辑结构如下：

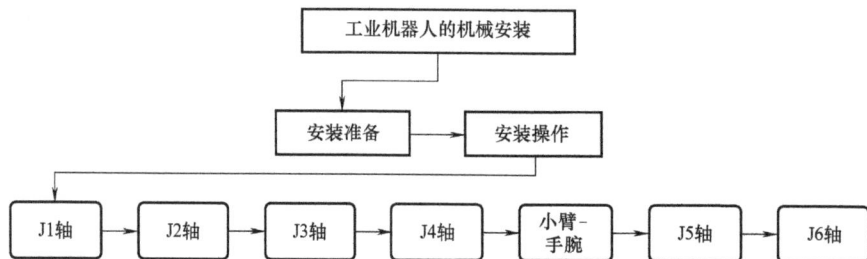

```
            ┌─────────────────────┐
            │   工业机器人的机械安装   │
            └──────────┬──────────┘
                       ↓
        ┌──────────┐      ┌──────────┐
        │  安装准备  │ ───→ │  安装操作  │
        └──────────┘      └──────────┘
              ↓
┌──────┐  ┌──────┐  ┌──────┐  ┌──────┐  ┌──────┐  ┌──────┐  ┌──────┐
│ J1轴 │→│ J2轴 │→│ J3轴 │→│ J4轴 │→│小臂- │→│ J5轴 │→│ J6轴 │
│      │  │      │  │      │  │      │  │手腕  │  │      │  │      │
└──────┘  └──────┘  └──────┘  └──────┘  └──────┘  └──────┘  └──────┘
```

相关知识

（1）安装要求   工业机器人机械安装时应遵守要求，规范地进行安装。安装环境的具体要求，以及各部件（螺钉、轴承、齿轮、同步带轮、电动机、减速器和机架）的安装要求详见项目 2 中任务 2 的相关知识。

（2）安全事项   注意工业机器人安装操作的安全事项，主要体现在两个方面：人身安全和工业机器人安全。其中人身安全是第一位的，工业机器人安全则要求零件不能损坏与丢失，降低零件精度和表面粗糙度。另外，吊装作业是机器人安装时必不可少的一个环节，相关知识详见项目 2 中的任务 3。

（3）技术参数   这里以 RH 08 型工业机器人的机械安装为例进行学习，该型工业机器人的技术参数和尺寸详见项目 3 中任务 6 的相关知识。

任务准备

工业机器人安装时应做好如下准备工作。

1）作业资料：包括总装图、部件装配图、零件图、物料清单等。直至项目结束，必须保证图样的完整性、整洁性、过程信息记录的完整性。当零件尺寸记录不清楚时，应当测量配合面的尺寸后再安装。

2）作业场所：零件摆放、部件装配必须在规定场所内进行，整机摆放与装配的场地必须规划清晰。直至整个项目结束，所有作业场所必须保持整齐、规范、有序。

3）装配物料：作业前，按照装配流程规定的装配物料必须按时到位，如果有部分非决定性材料未到位，可以改变作业顺序，然后填写材料单进行采购。

4）装配前应了解设备的结构、装配技术和工艺说明。

1. 机器人J1轴安装准备

机器人J1轴安装所需的相关零部件、工装、工具和耗材见表4-1。

表4-1 安装机器人J1轴相关零部件、工装、工具和耗材

序号	零部件名称	数量	是否齐全
1	底座	1	
2	转盘	1	
3	J1轴RV减速器	1	
4	J1轴电动机	1	
5	螺钉M16	若干	
6	螺钉M14	若干	
7	螺钉M8	若干	
序号	工装名称	数量	是否齐全
1	垫木（100mm×200mm×200mm）	1	
序号	工具名称	规格型号	是否齐全
1	扭力扳手	1套	
2	游标卡尺		
3	深度尺		
4	吹气枪		
5	黄油枪		
6	十字、一字槽螺钉旋具	1套	
7	内六角扳手	1套	
8	呆扳手	1套	
序号	耗材名称	规格型号	是否齐全
1	工业擦拭纸	310mm×345mm	
2	螺纹紧固剂	乐泰241	
3	密封胶	5699	
4	润滑脂	RE N0.00	

2. 机器人J2轴安装准备

机器人J2轴安装所需的相关零部件、工具和耗材见表4-2。

表 4-2　安装机器人 J2 轴相关零部件、工具和耗材

序号	零部件名称	数量	是否齐全
1	转盘组件	1	
2	大臂	1	
3	J2 轴 RV 减速器	1	
4	J2 轴电动机	1	
5	吊环	2	
6	J2 轴防撞块	1	
7	螺钉 M8	若干	
8	螺钉 M14	若干	
9	螺钉 M6	若干	
序号	工具名称	规格型号	是否齐全
1	扭力扳手	1 套	
2	游标卡尺		
3	深度尺		
4	吹气枪		
5	十字、一字槽螺钉旋具	1 套	
6	内六角扳手	1 套	
7	呆扳手	1 套	
序号	耗材名称	规格型号	是否齐全
1	工业擦拭纸	310mm×345mm	
2	螺纹紧固剂	乐泰 241	
3	密封胶	5699	

3. 机器人 J3 轴安装准备

机器人 J3 轴安装所需的相关零部件、工具和耗材见表 4-3。

表 4-3　安装机器人 J3 轴相关零部件、工具和耗材

序号	零部件名称	数量	是否齐全
1	箱体	1	
2	J3 轴电动机	1	
3	J3 轴 RV 减速器	1	
4	防撞套	1	
5	大臂	1	
6	螺钉 M8	若干	
7	螺钉 M6	若干	
8	螺钉 M10	若干	
序号	工具名称	规格型号	是否齐全
1	扭力扳手	1 套	
2	游标卡尺		
3	深度尺		

（续）

序号	工具名称	规格型号	是否齐全
4	吹气枪		
5	十字、一字槽螺钉旋具	1套	
6	内六角扳手	1套	
7	呆扳手	1套	
序号	耗材名称	规格型号	是否齐全
1	工业擦拭纸	310mm×345mm	
2	螺纹紧固剂	乐泰241	
3	密封胶	5699	
4	润滑脂	RE N0.00	

4. 机器人J4轴安装准备

机器人J4轴安装所需的相关零部件、工装、工具和耗材见表4-4。

表4-4　安装机器人J4轴相关零部件、工装、工具和耗材

序号	零部件名称	数量	是否齐全
1	法兰盘	1	
2	转轴	1	
3	交叉滚子轴承	1	
4	轴承61910	1	
5	箱体	1	
6	柔轮	1	
7	刚轮	1	
8	电动机连接板	1	
9	波发生器	1	
10	J4轴电动机	1	
11	箱体后盖	1	
12	小臂	1	
13	螺钉M6	若干	
14	螺钉M5	若干	
15	螺钉M4	若干	
序号	工装名称	数量	是否齐全
1	轴承压套（61910轴承用）	1	
2	交叉滚子轴承压套	1	
序号	工具名称	规格型号	是否齐全
1	扭力扳手	1套	
2	游标卡尺		
3	深度尺		
4	吹气枪		
5	锤子		

（续）

序号	工具名称	规格型号	是否齐全
6	十字、一字槽螺钉旋具	1套	
7	内六角扳手	1套	
8	呆扳手	1套	

序号	耗材名称	规格型号	是否齐全
1	工业擦拭纸	310mm×345mm	
2	螺纹紧固剂	乐泰241	
3	密封胶	5699	
4	润滑脂	谐波专用	

5. 机器人小臂 - 手腕安装准备

机器人小臂 - 手腕安装所需的相关零部件、工装、工具和耗材见表4-5。

表 4-5　安装机器人小臂 - 手腕相关零部件、工装、工具和耗材

序号	零部件名称	数量	是否齐全
1	轴承 688	1	
2	轴	1	
3	平键	2	
4	波发生器	2	
5	隔套	1	
6	孔用轴承挡圈 D24	1	
7	轴承 6901	1	
8	法兰盘	2	
9	同步带轮	2	
10	螺钉 M5	若干	
11	齿轮轴	2	
12	轴承座	2	
13	轴承 6202	2	
14	内外衬套	1	
15	螺钉 M6	若干	

（续）

序号	零部件名称	数量	是否齐全
16	盖	1	
17	轴承 6002	2	
18	内衬套	1	
19	腕体	1	
20	螺钉 M4	若干	
21	连接法兰	1	
22	端盖	1	
23	轴承 6818	1	
24	支撑轴	1	
25	支座	1	
26	柔轮	2	
27	刚轮	2	
28	圆柱销	2	
29	小臂	1	
30	套	1	
31	调整垫片	1	

序号	工装名称	数量	是否齐全
1	轴承压套（6818、6002、6811、6812、6202、688、6901 轴承用）	7	
2	锥齿轮压入套	1	

序号	工具名称	规格型号	是否齐全
1	扭力扳手	1 套	
2	游标卡尺		
3	深度尺		
4	吹气枪		
5	锤子		
6	手动压力机		
7	挡圈装卸钳		
8	十字、一字槽螺钉旋具	1 套	
9	内六角扳手	1 套	
10	呆扳手	1 套	

序号	耗材名称	规格型号	是否齐全
1	工业擦拭纸	310mm×345mm	
2	螺纹紧固剂	乐泰 241	
3	密封胶	5699	
4	润滑脂	谐波减速器专用	

6. 机器人 J5 轴安装准备

机器人 J5 轴安装所需的相关零部件、工装、工具和耗材见表 4-6。

表 4-6　安装机器人 J5 轴相关零部件、工装、工具和耗材

序号	零部件名称	数量	是否齐全
1	小臂组件	1	
2	J5 轴同步带	1	
3	J5 轴输入同步带轮	1	
4	J5 轴电动机	1	
5	螺钉 M5	若干	
6	电动机连接板	1	
序号	工装名称	数量	是否齐全
1	轮带张紧力检具	1	
序号	工具名称	规格型号	是否齐全
1	扭力扳手	1 套	
2	游标卡尺		
3	深度尺		
4	吹气枪		
5	锤子		
6	挡圈装卸钳		
7	十字、一字槽螺钉旋具	1 套	
8	内六角扳手	1 套	
9	呆扳手	1 套	
序号	耗材名称	规格型号	是否齐全
1	工业擦拭纸	310mm×345mm	
2	螺纹紧固剂	乐泰 241	

7. 机器人 J6 轴安装准备

机器人 J6 轴安装所需的相关零部件、工装、工具和耗材见表 4-7。

表 4-7　安装机器人 J6 轴相关零部件、工装、工具和耗材

序号	零部件名称	数量	是否齐全
1	小臂组件	1	
2	J6 轴电动机	1	
3	螺钉 M5	若干	
4	电动机安装板	1	
5	J6 轴同步带	1	
6	J6 轴输入同步带轮	1	
序号	工装名称	数量	是否齐全
1	轮带张紧力检具	1	

（续）

序号	工具名称	规格型号	是否齐全
1	扭力扳手	1 套	
2	游标卡尺		
3	深度尺		
4	吹气枪		
5	锤子		
6	挡圈装卸钳		
7	十字、一字槽螺钉旋具	1 套	
8	内六角扳手	1 套	
9	呆扳手	1 套	
序号	耗材名称	规格型号	是否齐全
1	工业擦拭纸	310mm×345mm	
2	螺纹紧固剂	乐泰 241	

任务实施

机器人各轴总装配爆炸图见图 4-1。

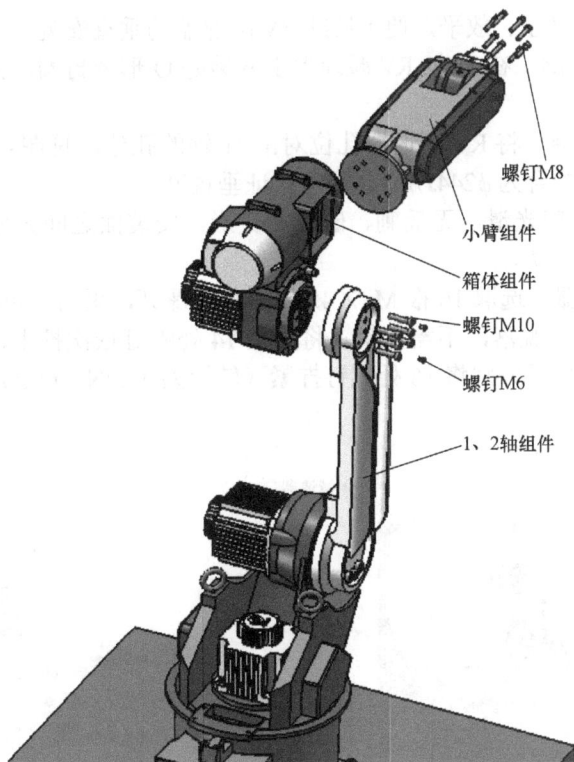

图 4-1　机器人各轴总装配爆炸图

1. 机器人 J1 轴安装

机器人 J1 轴安装爆炸图见图 4-2。

（1）放置垫木和转盘　把垫木放平，将转盘放置在垫木上，见图 4-2a。

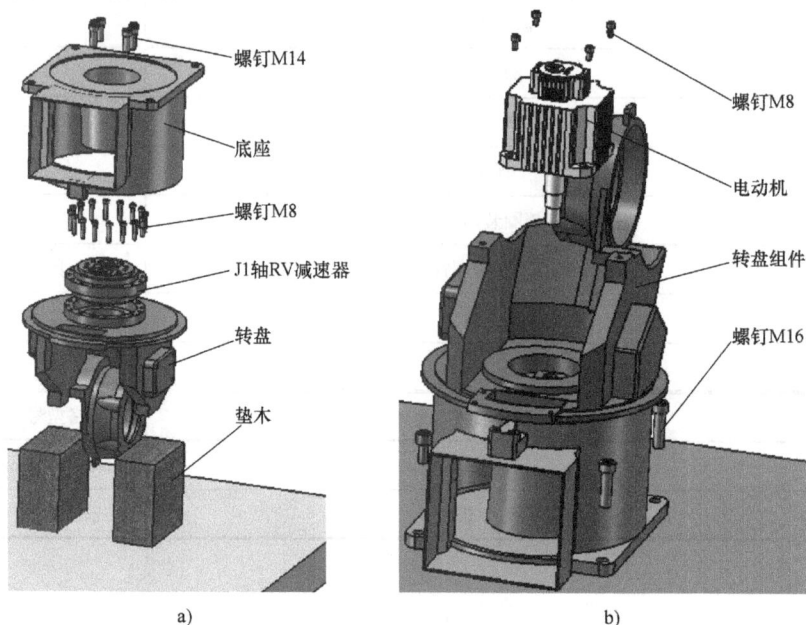

a)

b)

图 4-2　机器人 J1 轴安装爆炸图

工艺说明：将垫木摆正、放平，便于后续 RV 减速器的垂直安装。

（2）安装 O 形密封圈　在 J1 轴 RV 减速器上安装好 O 形密封圈，并在安装止口面上涂适量的润滑脂。

（3）安放 RV 减速器　将 RV 减速器孔位对准 J1 轴的孔位，见图 4-3。把 RV 减速器轻轻压入转盘的安装止口，配合为 $\phi 244 J7/h7$，注意保证垂直度。

工艺说明：安装面应光滑，无毛刺、磕碰、变形，安装面之间充分接触可更好地传递力矩，避免受力不均引起抖动。

（4）固定 RV 减速器　选取 16 根 M8×45 的六角头螺钉，采用对角固定法先固定 RV 减速器的两处对角位置，防止脱落，不需拧紧。将剩余 14 处螺钉依次拧上，不需拧紧。螺钉全部安装完成后，采用扭力扳手分别将 16 处螺钉拧紧（转矩为 37.2N·m±1.8N·m），见图 4-4。

图 4-3　安放 RV 减速器

图 4-4　固定 RV 减速器

（5）检查RV减速器输出端平面 RV减速器输出端平面应确认光滑，无毛刺、磕碰、变形，用擦拭纸擦拭干净。用密封胶沿着RV减速器输出端安装面涂上，要求厚薄均匀。

工艺说明：涂密封胶的作用是让RV减速器内的油不从输出端漏出。

（6）检查底座安装面 检查底座安装面光滑，无毛刺、磕碰、变形，用擦拭纸擦拭干净。

（7）安放底座 底座倒放轻轻压入减速器输出端止口，配合为$\phi 182H7/h7$，注意保证垂直度，对准安装螺纹孔，见图4-2a。

（8）固定底座 选取6根M14×40螺钉，采用对角固定法先固定底座的两处对角位置，防止脱落，不需拧紧。将剩余4处螺钉依次拧上，不需锁紧。螺钉全部安装完成后，采用扭力扳手分别将6处螺钉锁紧（转矩为205N·m±10N·m），见图4-5。

（9）翻转机构 安装完成后，把机构翻转180°，将底座置于地面，并保证平稳，见图4-2b。

（10）固定底板 将底座固定在底板上，选取4根M16×45螺钉将其固定，见图4-6。

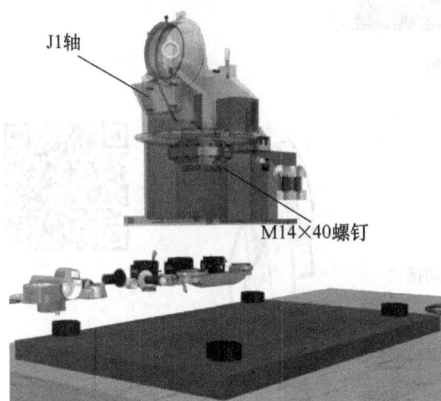

图4-5 固定底座

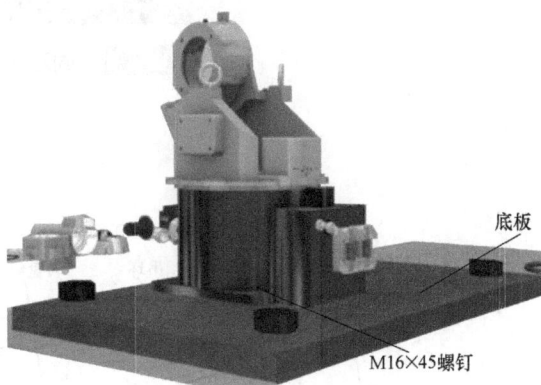

图4-6 固定底板

（11）加注黄油 用黄油枪从上端向RV减速器内加注400mL黄油，边加注边手动旋转转盘，往复旋转不少于3圈。

工艺说明：加注黄油要缓慢，同时旋转是为了黄油能充分进入减速器内。

（12）调试J1轴零点位置 将J1轴机壳上的箭头标识，对准底座上的零点，见图4-7。

（13）安放电动机 把安装好RV减速器输入轴的J1轴电动机垂直装入减速器中，保证输入轴与减速器内的齿轮啮合。把电动机轻轻压入转盘的止口，配合为$\phi 115H7/h7$，并对准螺纹。电动机和RV减速器的位置关系见图4-2b。

工艺说明：通过手感，一定要保证输入轴同时和两对齿轮啮合。

（14）固定电动机 选取3根M8×45螺钉将电动机固定，用对角固定的方法安装螺钉，并用扭力扳手拧紧（转矩为20N·m），见图4-8。电动机安装完成后，需电力驱动才能转动，不可人为转动。

2. 机器人J2轴安装
机器人J2轴安装爆炸图见图4-9。

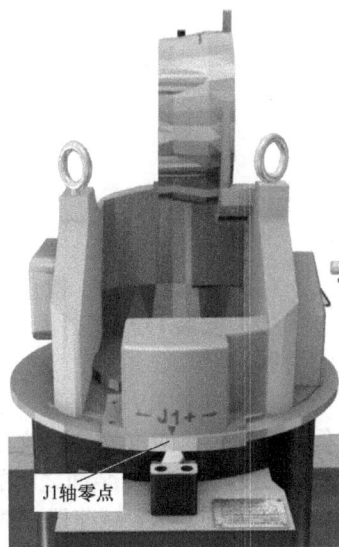

图4-7 调试J1轴零点位置

71

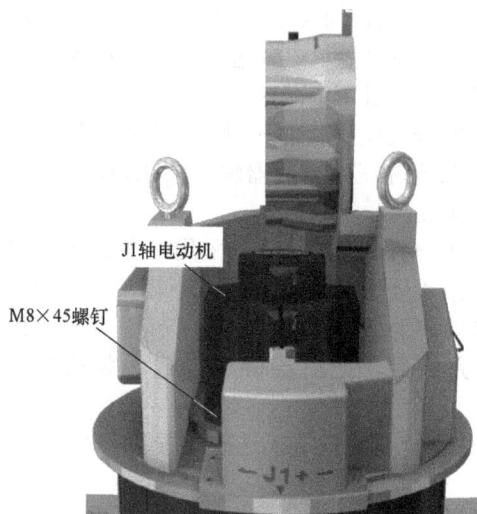

图 4-8　固定 J1 轴电动机

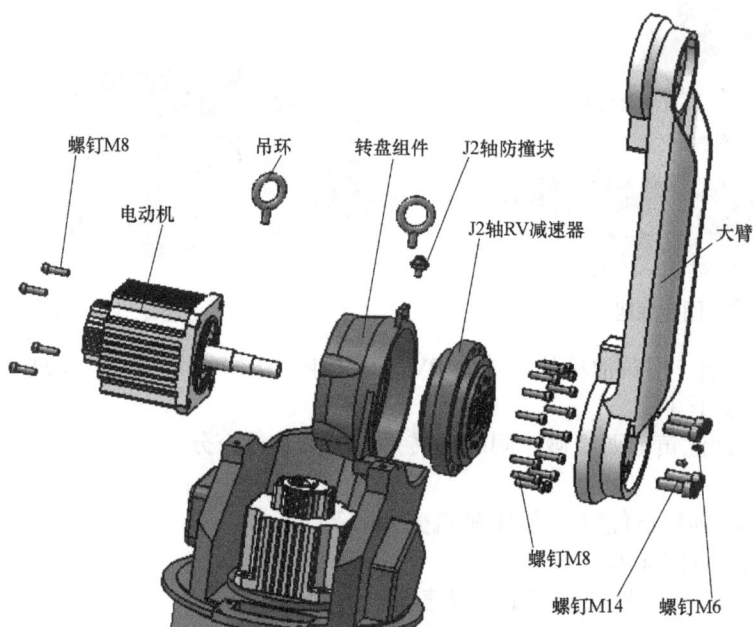

图 4-9　机器人 J2 轴安装爆炸图

（1）检查安装面　检查转盘和 J2 轴 RV 减速器的安装面是否光滑，应无毛刺、磕碰、变形。

（2）安装 O 形密封圈　在 J2 轴 RV 减速器安装好 O 形密封圈，在安装止口面涂上适量的润滑脂。

（3）安放 RV 减速器　把 RV 减速器轻轻压入转盘的安装止口，配合为 $\phi160H7/h6$，注意保证垂直度，对准安装螺纹孔。RV 减速器与转盘组件的位置关系见图 4-9。

工艺说明：安装面之间的充分接触可更好地传递力矩，避免受力不均引起抖动。

（4）固定 RV 减速器　选取 16 根 M8×45 螺钉固定 RV 减速器，用对角固定的方法安装螺钉，并用扭力扳手拧紧（转矩为 37.2N·m±1.8N·m），见图 4-10。

（5）安装吊环　将两个吊环安装在转盘上，注意保证螺纹到底，见图 4-10。

（6）检查 RV 减速器输出轴端面　RV 减速器输出轴端面应确认光滑无毛刺、磕碰、变形，用擦拭纸擦拭干净。沿着减速器输出端安装面涂上密封胶，要求厚薄均匀。

工艺说明：涂密封胶的作用是让减速器内的油不会从输出端渗漏。

（7）检查大臂安装面　检查大臂安装面光滑，无毛刺、磕碰、变形。

（8）安放大臂　大臂竖直，横向轻轻压入 RV 减速器输出端止口，配合为 $\phi 135H7/h6$，注意保证垂直，对准安装螺纹孔。RV 减速器与大臂的位置关系见图 4-9。

（9）固定大臂　选取 6 根 M14×40 螺钉将大臂固定，用对角固定的方法安装螺钉，并用扭力扳手拧紧（转矩为 205N·m±10N·m），见图 4-11。

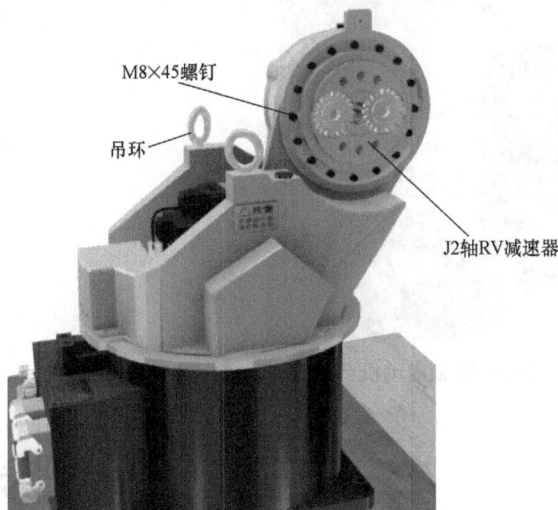

图 4-10　安装吊环

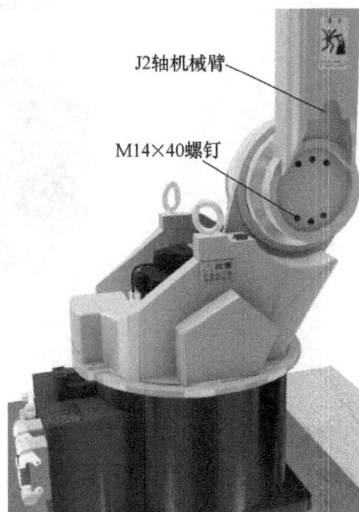

图 4-11　固定大臂

（10）加注黄油　用黄油枪从大臂注油孔向 RV 减速器内加注 600mL 黄油，并用 M6 的螺钉把大臂的两个油孔锁上。

工艺说明：若黄油加注量过多，会使减速器运行时发热过大；若加注量过少，则减速器得不到充分润滑。

（11）调整 J2 轴零点位置　将 J2 轴机壳上的箭头标识，对准 J1 轴上的零点位置，见图 4-12。

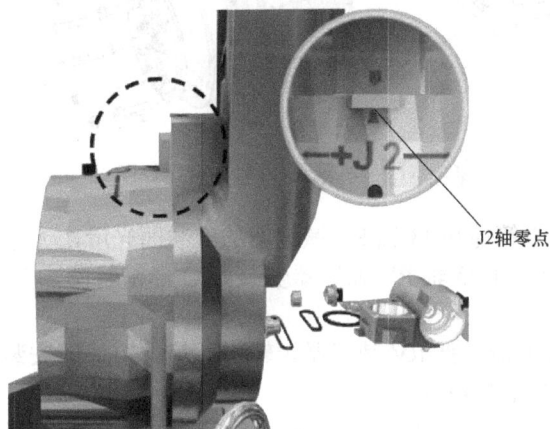

图 4-12　调整 J2 轴零点位置

（12）安放电动机　把安装好 RV 减速器输入轴的 J2 轴电动机，水平装入减速器中，保证输入轴与减速器内的齿轮啮合。把电动机轻轻压入转盘的止口，配合为 ϕ115H7/h7，并对准螺纹。电动机与 RV 减速器的位置关系见图 4-9。

（13）固定电动机　选取 4 根 M8×30 螺钉将电动机固定，用对角固定的方法安装螺钉，并用扭力扳手拧紧（转矩为 20N·m），见图 4-13。

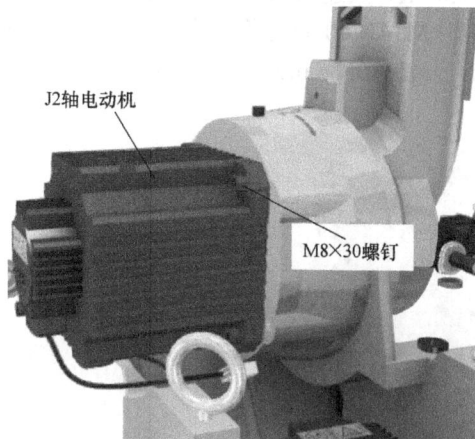

图 4-13　固定 J2 轴电动机

3. 机器人 J3 轴安装

机器人 J3 轴安装爆炸图见图 4-14。

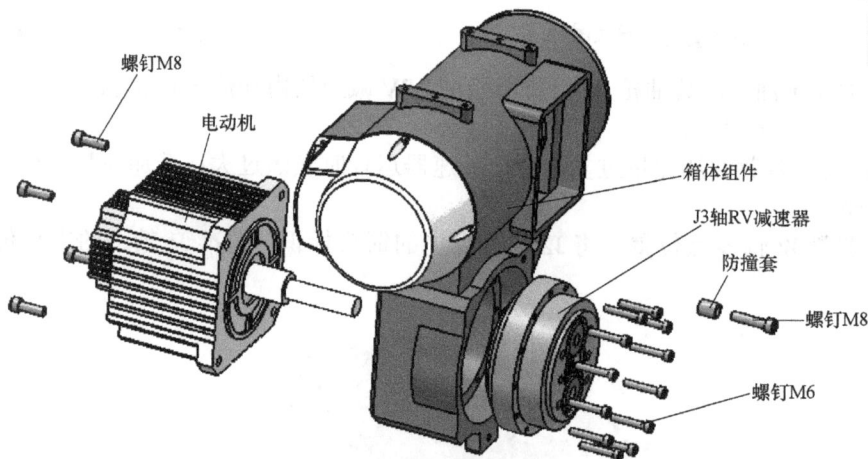

图 4-14　机器人 J3 轴安装爆炸图

（1）检查安装面　检查箱体和 J3 轴 RV 减速器的安装面光滑，无毛刺、磕碰、变形。

（2）安装 O 形密封圈　在 J3 轴 RV 减速器安装好 O 形密封圈，并在安装止口面涂上适量的润滑脂。

（3）安放 J3 轴 RV 减速器　把 RV 减速器轻轻压入箱体组件的安装止口，配合为 ϕ128H7/h6，注意保证垂直，对准安装螺纹孔。

（4）固定 J3 轴 RV 减速器　选取 16 根 M6×35 螺钉固定 RV 减速器，用对角固定的方法安装螺钉，并用扭力扳手拧紧（转矩为 20N·m），见图 4-15。

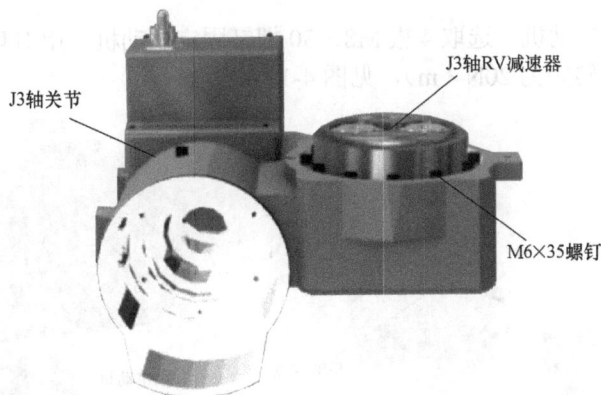

图 4-15　固定 J3 轴 RV 减速器

（5）检查安装面　检查大臂和 J3 轴 RV 减速器安装面是否光滑，应无毛刺、磕碰、变形。沿着 RV 减速器输出端安装面涂上密封胶，要求厚薄均匀。

工艺说明：涂密封胶的作用是让减速器内的油不会从输出端渗漏。

（6）安放 J3 轴　箱体组件和 RV 减速器面竖直，横向轻轻压入大臂配合止口，配合为 ø105H7/h6，注意保证垂直度，对准安装螺纹孔。

（7）固定 J3 轴　选取 6 根 M10×40 螺钉进行固定 J3 轴，用对角固定的方法安装螺钉，并用扭力扳手拧紧（转矩为 73.5N·m±3N·m）。见图 4-16。

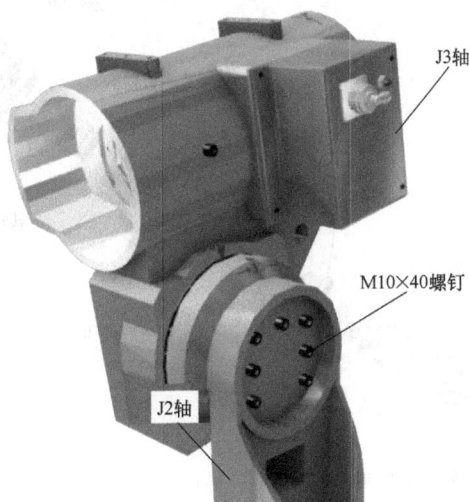

图 4-16　固定 J3 轴

工艺说明：RV 减速器安装的关键就是要保证传动配合面接触率大，传递扭矩均匀。

（8）加注黄油　用黄油枪从大臂注油孔向 RV 减速器内加注 400L 黄油，并用 M6 的螺钉把大臂的两个油孔锁上。

（9）调整 J3 轴零点位置　对 J3 轴进行左右旋转，确认其灵活度，将 J3 轴机壳上的箭头标识，对准大臂上的零点位置，见图 4-17。

（10）安放电动机　把安装好 RV 减速器输入轴的 J3 轴电动机，水平装入减速器中，保证输入轴与减速器内的齿轮啮合。把电动机轻轻压入转盘的止口，配合为 φ115H7/h7，并对准螺纹。

（11）固定 J3 轴电动机　选取 4 根 M8×30 螺钉固定电动机，用对角固定的方法安装螺钉，并用扭力扳手拧紧（转矩为 20N·m），见图 4-18。

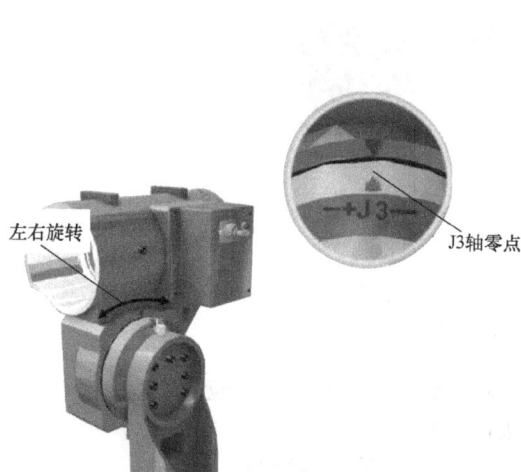

图 4-17　调整 J3 轴零点位置

图 4-18　固定 J3 轴电动机

4. 机器人 J4 轴安装

机器人 J4 轴安装爆炸图见图 4-19。

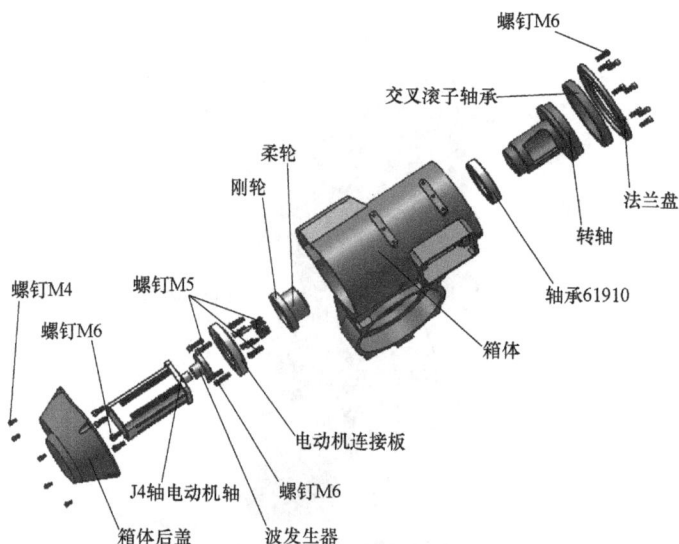

图 4-19　机器人 J4 轴安装爆炸图

（1）检查安装面　检查各零件和轴承的安装面是否光滑，应无毛刺、磕碰。

（2）安装轴承　轴承 61910 外圈涂上适量润滑油，平稳放到箱体配合处，用轴承压套和锤子，把轴承敲入到位。轴承与箱体的位置关系见图 4-19。

（3）安装转轴　轴承 61910 内圈涂上适量润滑油，把转轴装入轴承处，可使用锤子敲入到位。转轴与轴承的位置关系见图 4-19。

（4）安装交叉滚子轴承　交叉滚子轴承内外圈涂上适量润滑油，轴承内圈与转轴配合，外圈与箱体配合，用轴承压套和锤子，把轴承敲入到位。交叉滚子轴承与转轴的位置关系见图 4-19。

工艺说明：安装过程中应注意不要敲打到滚子或保持架，敲打时用力均匀，确认轴承安装到位。

（5）安装法兰盘　把法兰盘止口压入箱体配合处，并对准螺纹。用对角固定的方法安装 8 个 M6 螺钉，并用扭力扳手拧紧（转矩为 15N·m）。法兰盘与箱体的位置关系见图 4-19。

（6）安放柔轮和刚轮　J4 轴谐波减速器刚轮外圈涂上适量润滑油，然后将刚轮和柔轮组件，安装到箱体内，并对准刚轮的螺纹孔。刚轮安装到位后，通过旋转转轴调整，使柔轮的螺纹孔对准。柔轮、刚轮与箱体的位置关系见图 4-19。

（7）固定柔轮和刚轮　用对角固定的方法安装柔轮上 8 个 M5 螺钉，并用扭力扳手拧紧（转矩为 9N·m）。其中未拧螺钉的孔位是用于拆卸时顶出柔轮使用，见图 4-20。

工艺说明：安装后手动旋转转轴，检查谐波减速器刚轮和柔轮的啮合是否顺畅。若明显不顺畅，应重新安装或考虑更换。

（8）加注润滑油　向谐波减速器的柔轮内注入适量润滑油，约占空间的 50%。

（9）安装机器人小臂　安装 J4 轴机器人小臂时将小臂安装止口与箱体组件配合，选取 8 根 M8×40 螺钉用对角固定的方法固定小臂，并用扭力扳手拧紧（转矩为 37.2N·m±1.8N·m）。见图 4-21。

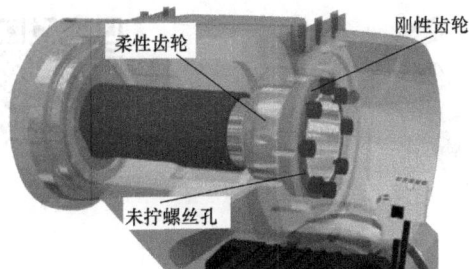
图 4-20　固定柔轮和刚轮

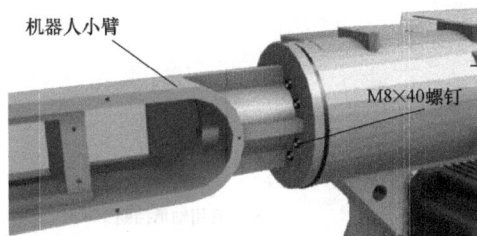
图 4-21　安装机器人小臂

（10）调试 J4 轴零点位置　对小臂进行左右旋转，确认其灵活度，将 J4 轴机壳上的箭头标识，对准小臂上的零点，调试 J4 轴零点位置，见图 4-22。

（11）安装电动机连接板　把电动机连接板止口压入箱体配合处，并对准螺纹。用对角固定的方法安装 4 个 M6 螺钉，并用扭力扳手拧紧（转矩为 15N·m）。

（12）连接波发生器和电动机轴　波发生器内孔涂上适量润滑油，套入 J4 轴电动机轴，可使用锤子敲入到位。波发生器和电动机轴的位置关系见图 4-19。

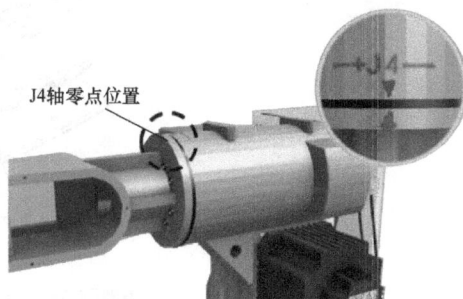
图 4-22　调试 J4 轴零点位置

工艺说明：注意避免把电动机竖起来敲打，以防损伤电动机编码器。

（13）锁紧波发生器和电动机轴　用 M5 螺钉把波发生器和电动机轴锁紧（转矩为 9N·m）。

工艺说明：安装时要注意配合公差适当，过小拆装困难，过大会导致传动打滑。

（14）安装波发生器和电动机　边手动旋转转轴，边让电动机带着波发生器旋转配合安装到柔轮内，电动机止口与电动机连接板配合，最后电动机法兰端面到位，螺纹孔对准。把挤出来的润滑油抹掉。

工艺说明：边旋转边装配波发生器是为了保证其更容易被安装到柔轮内，同时与柔轮配合均匀。

（15）固定 J4 轴电动机　用对角固定的方法安装 4 个 M6×15 螺钉，固定电动机，并用扭力扳手拧紧（转矩为 15N·m），见图 4-23。

（16）安装 J4 轴箱体后盖　用对角固定的方法安装 5 个 M4 螺钉，把箱体后盖安装到箱体上，见图 4-24。

图 4-23　固定 J4 轴电动机

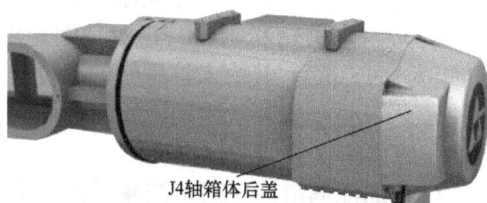

图 4-24　安装 J4 轴箱体后盖

5. 小臂 - 腕部组装

（1）机器人 J5 轴输入谐波组件组装　机器人 J5 轴输入谐波组件爆炸图见图 4-25。

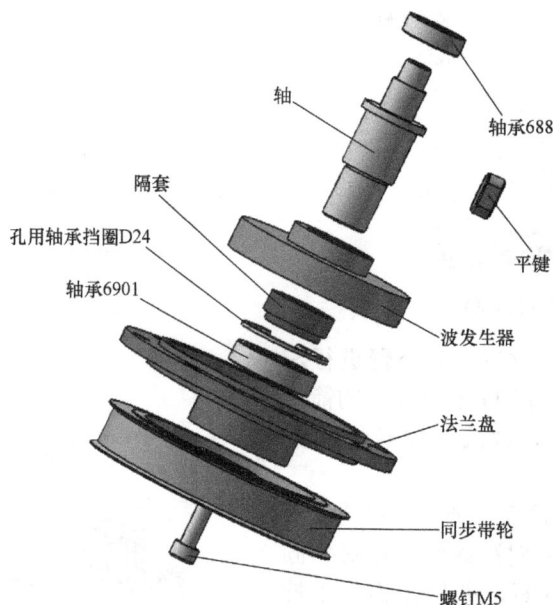

图 4-25　机器人 J5 轴输入谐波组件爆炸图

1）检查安装面。检查各零件和轴承的安装面是否光滑，应无毛刺、磕碰。

2）安装平键。把轴输出端放平在安装台上，让键槽段水平向上。通过锤子敲击，把平键安装到轴内。

工艺说明：敲入过程注意手感，检查轴孔和键槽的配合是否合适。

3）安装波发生器。把波发生器安装到齿轮轴上，注意对准键槽部位，可用锤子轻轻敲入。

工艺说明：安装后检查波发生器与齿轮轴的配合，应该做到没有间隙。

4）安装隔套。将隔套放到波发生器端。

5）安装轴承 6901。在轴承 6901 外圈涂上适量润滑油，平稳放到法兰盘配合处，通过轴承压套和锤子，将轴承敲入到位。

工艺说明：安装时可使用手动压力机，具体步骤细节，参考轴承压入装配工艺。

6）安装孔用轴承挡圈 D24。用挡圈钳把孔用轴承挡圈 D24 安装到法兰盘内，保证其压住轴承外圈，且不与内圈和滚子干涉。

7）安装轴。在 6901 轴承内圈涂上适量润滑油，把轴配合段用手轻轻压入，然后通过轴承压套和锤子，将轴承敲入到位。

工艺说明：安装时可使用手动压力机。

8）安装同步带轮。把同步带轮安装到轴上，可用锤子轻轻敲入。

工艺说明：敲入过程注意手感，检查轴孔配合是否合适。

9）安装螺钉。用 M5 螺钉固定齿轮轴，并用扭力扳手拧紧（转矩为 9N·m）。

工艺说明：安装后转动齿轮轴和同步带轮，应该做到没有间隙，转动轻快、顺畅。

10）安装轴承 688。在轴承 688 内圈涂上适量润滑油，平稳放到轴配合处，通过轴承压套和锤子，将轴承敲入到位。

工艺说明：安装时可使用手动压力机。

（2）机器人 J6 轴输入锥齿轮组件组装　机器人 J6 轴输入锥齿轮组件爆炸图见图 4-26。

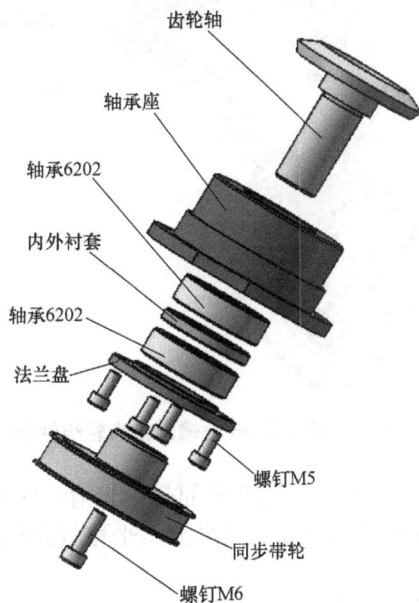

图 4-26　机器人 J6 轴输入锥齿轮组件爆炸图

1）检查安装面。检查各零件和轴承的安装面是否光滑，应无毛刺、磕碰。

2）安装轴承 6202。在轴承外圈涂上适量润滑油，平稳放到轴承座配合处，通过轴承压套和手动压力机，将轴承敲入到位。

工艺说明：安装可使用手动压力机。

3）安装第二个轴承 6202。把内外衬套放入，重复步骤 2），把第二个轴承压入轴承座，确保轴承外圈都安装到位。

工艺说明：安装可使用手动压力机。

4）安放法兰盘。把法兰盘止口配合轴承座装入，螺纹孔对准。

5）固定法兰盘　用对角固定的方法安装 4 个 M5 螺钉，并用扭力扳手拧紧（转矩为 9N·m）。

工艺说明：确保组件外圈没有窜动。

6）安装齿轮轴。在齿轮轴承配合处涂上适量润滑油，用手轻压到轴承配合处，通过齿轮轴压入套和锤子，将齿轮轴敲入到位。

工艺说明：安装后转动齿轮轴，检查是否轻快顺畅。

7）安放同步带轮。把同步带轮安装到齿轮轴上，可用锤子轻轻敲入。敲入过程中要注意手感，检查轴孔配合是否合适。

8）固定同步带轮。用 M6 螺钉固定齿轮轴上，并用扭力扳手拧紧（转矩为 15N·m）。

工艺说明：安装后转动齿轮轴和同步带轮，应该做到没有间隙，转动轻快、顺畅。

（3）机器人 J6 轴输出锥齿轮组件组装　机器人 J6 轴输出锥齿轮组件爆炸图见图 4-27。

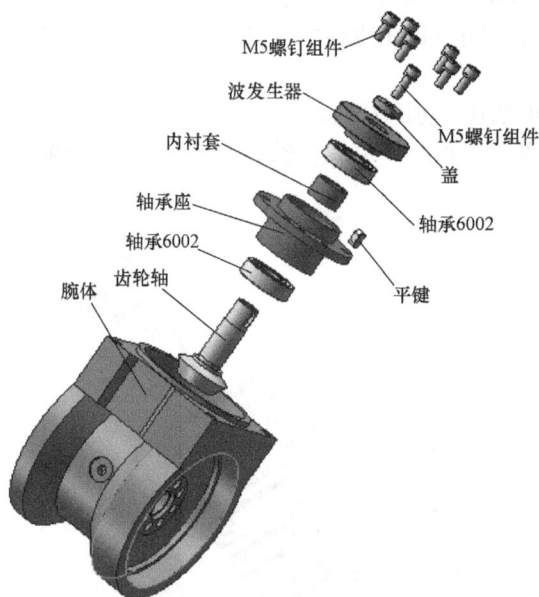

图 4-27　机器人 J6 轴输出锥齿轮组件爆炸图

1）检查安装面。检查各零件和轴承的安装面是否光滑，应无毛刺、磕碰。

2）安装轴承 6002。轴承外圈涂上适量润滑油，平稳放到轴承座配合处，通过轴承压套和锤子，将轴承敲入到位。

工艺说明：安装可使用手动压力机。

3）安装第二个轴承 6002。把内衬套放入，重复步骤 2），从轴承座的另外一端把第二个轴承压入轴承座，确保轴承外圈安装到位。

工艺说明：安装可使用手动压力机。

4）安装齿轮轴。过程参见 J6 轴输入锥齿轮组件组装步骤 6）。

5）安装平键。过程参见 J5 轴输入谐波组件组装步骤 2）。

6）安装波发生器。过程参见 J5 轴输入谐波组件组装步骤 3）。

7）安装盖。把盖安装到齿轮轴端，通过 M5 螺钉锁紧（转矩为 9N·m）。

8）组合腕体。把以上装配好的组件通过轴承座的止口配合部位安装到腕体内，注意对准螺纹孔。必要时可使用锤子轻轻敲入。

工艺说明：如果发现配合过松或过紧，应当检查配合尺寸是否合适。

9）锁紧腕体。用对角固定的方法安装 6 个 M5 螺钉，并用扭力扳手拧紧（转矩为 9N·m）。

10）检查波发生器旋转。转动波发生器，检查旋转是否轻快顺畅。

（4）手腕输出端组件组装　手腕输出端组件爆炸图见图 4-28。

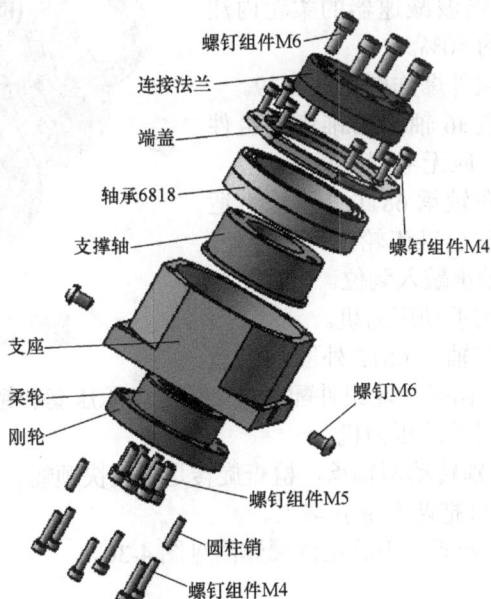

图 4-28　手腕输出端组件爆炸图

1）检查安装面。检查各零件和轴承的安装面是否光滑，应无毛刺、磕碰。

2）组合轴承 6818 和支撑轴。在轴承 6818 内圈涂上适量润滑油，平稳压入支撑轴配合处，通过轴承压套和锤子敲打，分两次把两轴承敲入到位。

工艺说明：安装可使用手动压力机。

3）安装轴承组件。在轴承 6818 外圈涂上适量润滑油，把轴承和支撑轴的组件平稳放到支座的配合处，通过轴承压套和锤子敲打，把组件敲入到位。

工艺说明：安装可使用手动压力机。

4）安装端盖。把端盖止口压入支座配合处，并对准螺纹。

5）固定端盖。用对角固定的方法安装 8 个 M4 螺钉，固定端盖，并用扭力扳手拧紧（转矩为 5N·m）。

6）安装连接法兰。将连接法兰止口压入支撑轴配合处，并对准螺纹。

7）固定连接法兰。用对角固定的方法安装 4 个 M6 螺钉，固定连接法兰，并用扭力扳手拧紧（转矩为 15N·m）。

工艺说明：安装后检查连接法兰是否压紧轴承内圈，轴承位没有轴向和横向窜动。

8）安装刚轮和柔轮。在谐波减速器刚轮外圈涂上适量润滑油，止口配合安装到支座内，并对准刚轮的销孔，将刚轮安装到位后，通过旋转支撑轴调整，使柔轮的螺纹孔对准。

9）固定柔轮。用对角固定的方法安装 8 个 M5 螺钉，固定柔轮，并用扭力扳手拧紧（转矩为 9N·m）。

10）安装圆柱销。通过塑料锤子敲击，把 2 个 $\phi4$ 圆柱销安装上。

11）固定刚轮。用对角固定的方法安装 6 个 M4 螺钉，固定刚轮，并用扭力扳手拧紧（转矩为 5N·m）。

工艺说明：安装后手动旋转端盖，检查谐波减速器刚轮和柔轮的啮合是否顺畅。若明显不顺畅，应重新安装或考虑更换。

12）堵支座油孔。用 M6 螺钉把支座的两个油孔堵上。

13）加注润滑油。向谐波减速器的柔轮内注入适量润滑油，约占空间的 50%。

（5）手腕组装　手腕组件爆炸图见图 4-29。

1）检查安装面。检查 J6 轴输出锥齿轮组件和轴承的安装面是否光滑，应无毛刺、磕碰。

2）安装轴承 6811。在轴承 6811 外圈涂上适量润滑油，平稳放到 6 轴输出锥齿轮组件配合处，通过轴承压套和锤子，将轴承敲入到位。

工艺说明：安装可使用手动压力机。

3）安装轴承 6812。在轴承 6812 外圈涂上适量润滑油，平稳放到 6 轴输出锥齿轮组件配合处，通过轴承压套和锤子，将轴承敲入到位。

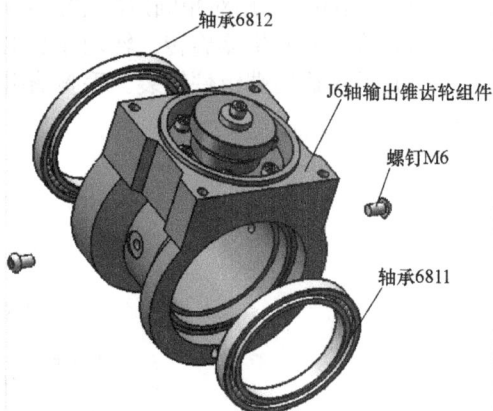

图 4-29　手腕组件爆炸图

工艺说明：安装可使用手动压力机。

4）检查轴承旋转。分别转动两轴承，检查旋转是否轻快顺畅。

5）堵油孔。用 M6 螺钉把两个油孔堵上。

（6）小臂 - 手腕组装　小臂 - 手腕组件爆炸图见图 4-30。

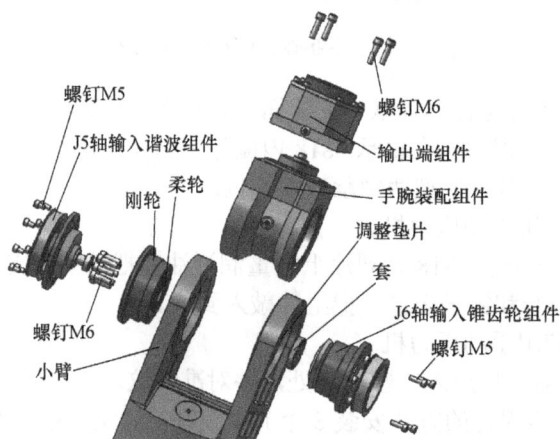

图 4-30　小臂 - 手腕组件爆炸图

1）检查安装面。检查各零件和轴承的安装面是否光滑，应无毛刺、磕碰。

2）安装套。把套压入手腕装配组件内，可通过锤子轻敲到位。

3）安装手腕装配组件。把手腕装配组件放到小臂中心处，谐波减速器的刚轮和柔轮组件通过小臂安装到手腕装配组件的配轴承内，可以通过锤子轻敲，保证到位。

4）安装柔轮。转动手腕装配组件，让柔轮螺纹对准，用对角固定的方法安装 8 个 M6 螺钉，并用扭力扳手拧紧（转矩为 15N·m）。

工艺说明：柔轮是力传动件，前端面的贴合力求均匀，且与刚轮之间没有错齿。

5）加注润滑油。向谐波减速器的柔轮内装入适量润滑油，约占空间的 50%。

6）安装 J5 轴输入谐波组件。边旋转 J5 轴输入谐波组件的同步带轮，边让 J5 轴输入谐波组件的波发生器旋转配合安装到柔轮内，把挤出来的润滑油抹掉。

工艺说明：边旋转边装配波发生器是为了保证波发生器更容易安装到柔轮内，同时与柔轮配合均匀。

7）固定 J5 轴输入谐波组件。转动 J5 轴输入谐波组件，对准螺纹孔，用对角固定的方法安装 8 个 M5 螺钉，并用扭力扳手拧紧（转矩为 9N·m）。

8）检查 J5 轴输入谐波组件转动。转动 J5 轴输入谐波组件的同步带轮，让手腕装配组件在其运动范围内转动一遍，确认其转动灵活。这一过程中手部受力应该均匀。

工艺说明：如果受力感觉明显不一致，应当拆下 J5 轴输入谐波组件重新检查安装，若仍未解决应当考虑更换谐波减速器。因为受力不均后会引起机械抖动。

9）涂润滑脂。向腕部内添加润滑脂，约占空间的 50%，注意将润滑脂尽量涂抹到锥齿轮周围。

10）安装调整垫片和 J6 轴输入锥齿轮组件。将 J6 轴输入锥齿轮组件连同调整垫片，通过止口配合装入手腕装配组件，安装时注意公差配合是否合适，对准安装螺纹孔。可以使用锤子。在安装的末段，边旋转同步带轮边往里压，注意保证锥齿轮正确啮合。安装完毕后，转动同步带轮，看手腕装配组件输出端的波发生器是否跟随旋转，同时通过手感检查锥齿轮的啮合间隙是否合适，如果不合适应当拆下 J6 轴输入锥齿轮组件，更换调整垫片后重装。

工艺说明：安装的关键是保证锥齿轮适当的啮合，当齿轮啮合过紧会引起抖动、发热、齿轮磨损加快等问题；当齿轮啮合过松又会增加机构的反向间隙，影响精度。

11）固定 J6 轴输入锥齿轮组件。用对角固定的方法安装 4 个 M5 螺钉，固定 J6 轴输入锥齿轮组件，并用扭力扳手拧紧（转矩为 9N·m）。

12）安装手腕输出端组件。把手腕输出端组件安装到手腕装配组件上。安装时应当旋转 J6 轴输入同步带，让手腕输入波发生器缓慢旋转，使输出端组件的柔轮顺着旋转跟波发生器配合装入。装入的末段，输出端组件的止口应当跟手腕部位配合尺寸适当，最后贴紧。

13）固定手腕输出端组件。用对角固定的方法安装 4 个 M6 螺钉，并用扭力扳手拧紧（转矩为 15N·m）。把装配好的组件外部挤出的润滑油抹掉。

14）检查 J5、J6 轴同步带轮旋转。最后分别转动 J5、J6 轴同步带轮，应该转动灵活，无卡顿。

6. 机器人 J5 轴安装

机器人 J5 轴和 J6 轴安装爆炸图见图 4-31。

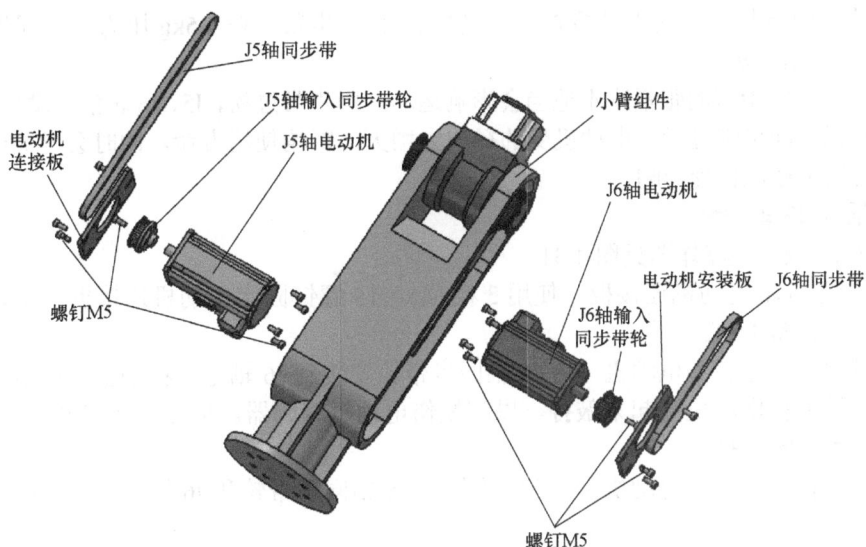

图 4-31　机器人 J5 轴和 J6 轴安装爆炸图

（1）检查安装面　检查同步带轮、电动机连接板和电动机轴的安装面是否光滑，应无毛刺、磕碰。

（2）安装电动机连接板　使用 3 根 M5×15 螺钉固定电动机连接板，无须拧紧，便于后期调整，见图 4-32。

（3）连接同步带轮和电动机　将 J5 轴同步带轮安装到 J5 轴电动机轴上，可用锤子轻敲到位，但注意不要把电动机竖起来敲打，以防损伤电动机编码器。J5 轴同步带轮和 J5 轴电动机轴的位置关系见图 4-31。

工艺说明：安装时注意配合公差适当，过小拆装困难，过大会导致传动打滑。

（4）锁紧同步带轮和电动机　用 M5 螺钉把 J5 轴同步带轮和 J5 轴电动机轴锁紧（转矩为 9N·m）。

工艺说明：锁紧时可用挡圈钳夹住同步带轮端部的孔，避免锁紧时电动机轴转动。

（5）安装电动机　将组装好的 J5 轴电动机固定在连接板上，用 M5 螺钉拧紧（转矩为 9N·m），见图 4-33。

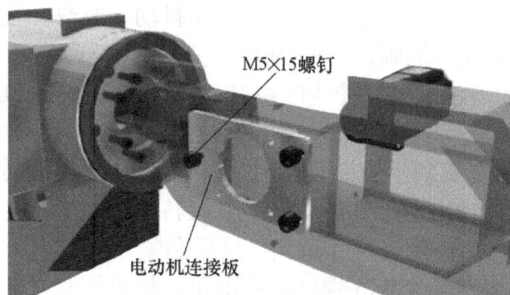

图 4-32　安装电动机连接板

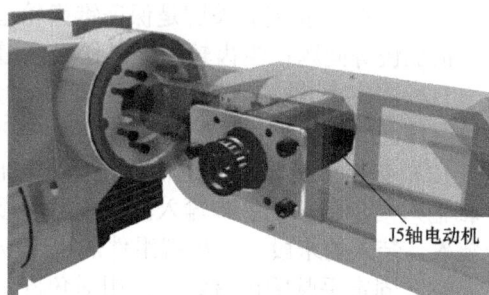

图 4-33　固定组装好的 J5 轴电动机

（6）安装同步带　将 J5 轴同步带安装到 J5 轴输入输出的同步带轮上，调整 J5 轴的电动机连接板，让同步带张紧度合适，再把电动机连接板上的螺钉锁紧（转矩为 9N·m）。传动带的张紧度可通过左右移动 J5 轴电动机进行调整。调整完成后需将 J5 轴电动机的螺钉拧紧，见图 4-36。

（7）检查同步带　用同步带检查工具测量 J5 轴同步带，在 0.5kg 压力下，同步带的挠度应为 7.5～8.5mm/ 圈。

工艺说明：同步带的张紧度不适当会影响运动。同步带过松，J5、J6 轴的运动间隙会增加，机构精度降低。同步带过紧，电动机受的径向力增大，影响使用寿命，同时会增加电动机的驱动扭力，运转平稳性也受影响。

7. 机器人 J6 轴安装

机器人 J6 轴安装爆炸图见图 4-31。

（1）安装 J6 轴电动机连接板　使用 3 根 M5×15 螺钉固定电动机连接板，无须拧紧，便于后期调整，见图 4-34。

（2）连接同步带轮和电动机　将 J6 轴同步带轮安装到 J6 轴电动机轴上，可用锤子轻敲到位，但注意不要把电动机竖起来敲打，以防损伤电动机编码器。J6 轴同步带轮和 J6 轴电动机轴的位置关系见图 4-31。

（3）锁紧同步带轮和电动机　用 M5 螺钉把 J6 轴同步带轮和 J6 轴电动机轴锁紧（转矩为 9N·m）。

（4）安装电动机　将组装好的 J6 轴电动机固定在连接板上，用 M5 螺钉锁紧（转矩为

9N·m），见图 4-35。

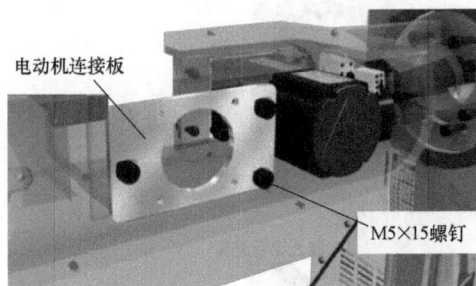

图 4-34　安装 J6 轴电动机连接板

图 4-35　固定组装好的 J6 轴电动机

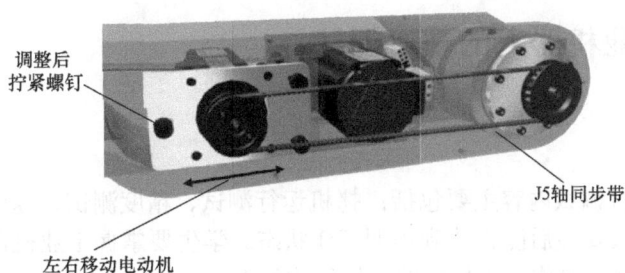

图 4-36　安装 J5 轴同步带

（5）安装同步带　将 J6 轴同步带安装到 J6 轴输入输出的同步带轮上，调整 J6 轴的电动机连接板，让同步带张紧度合适，再把电动机连接板上的螺钉拧紧（转矩为 9N·m）。传动带的张紧度可通过左右移动 J6 轴电动机进行调整。调整完成后需将 J6 轴电动机的螺钉拧紧，见图 4-37。

（6）检查同步带　用同步带检查工具测量 J6 轴同步带，在 0.5kg 压力下，同步带的挠度应为 5 ～ 5.5mm/ 圈。

（7）安装机器人上臂外壳，见图 4-38。

图 4-37　安装 J6 轴同步带

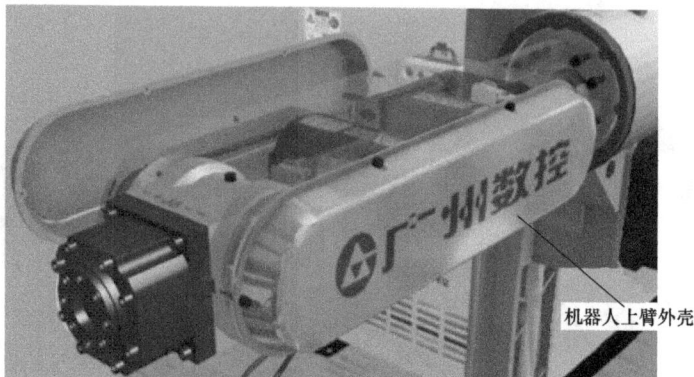

图 4-38 安装机器人上臂外壳

任务2 掌握工业机器人的整机调试

任务描述

工业机器人的整机调试内容主要包括：拷机运行测试、精度测试、速度测试。整机调试的目的是检测机器人机械安装后能否达到预期工作状态。学生要掌握工业机器人整机调试的主要内容和步骤并能进行熟练操作。本任务的逻辑结构如下：

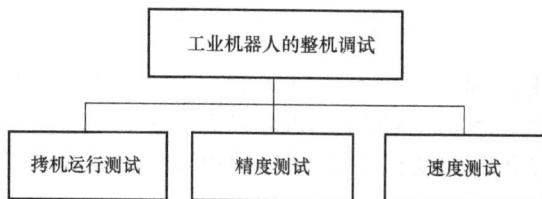

```
           工业机器人的整机调试
        ┌────────┼────────┐
    拷机运行测试   精度测试   速度测试
```

任务实施

1. 拷机运行测试

拷机运行测试分为无配重和有配重两种测试状态。

1）在无配重状态下，对机器人各轴进行简单的单轴运动测试，观察其在运动过程中有无卡阻、停顿现象。

2）有配重测试前，需先在机器人 J6 轴装上相应重量的配重后进行单轴运动测试。测试运行的时间需不少于 120h，见图 4-39。

2. 精度测试

机器人精度测试主要分为以下两个步骤。

1）在进行精度测试前，应先设置好 5 个基准点，见图 4-40。机器人通过示教模式运行到其中一点，同时调试好千分表。

2）测试时先对机器人 Z 轴方向进行位移检测，使其先上下往返运行，通过千分表的读数，取 30 次位移的平均值。再进行 X、Y 轴方向测试。对其余 4 点也用相同的方法进行检测。

3. 速度测试

进行速度测试前应先取下配重，将机器人调至最快速度状态下运行，观察在运行过程中是否有振动、过载现象。

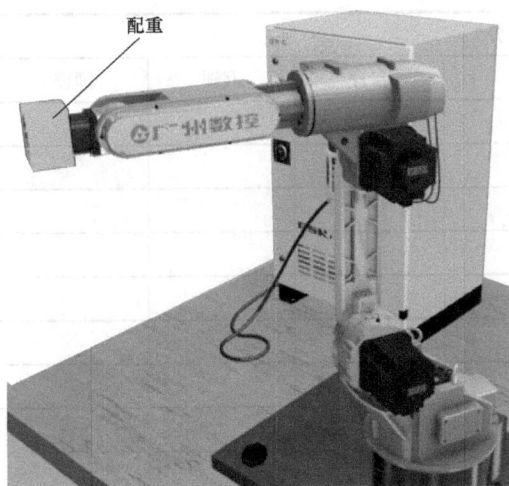

图 4-39 有配重测试

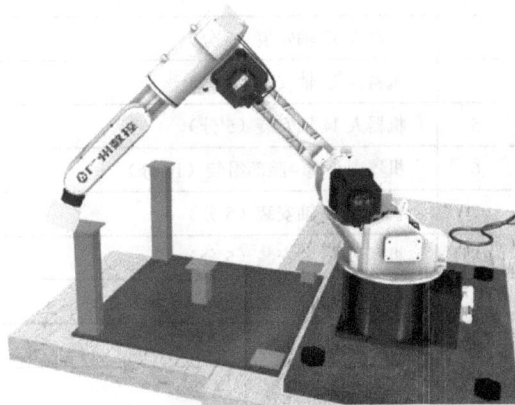

图 4-40 精度测试

项目小结

这里以广州数控设备有限公司生产的 RH 08 型工业机器人为例,详细介绍了工业机器人的机械安装,包括各轴安装所需零部件、工装、工具和耗材的准备,各轴的安装次序(J1 轴 → J2 轴 → J3 轴 → J4 轴 → 小臂 - 手腕 → J5 轴 → J6 轴)和详细安装步骤。

工业机器人整机调试内容主要包括:拷机运行测试、精度测试、速度调试。整机调试的目的是为了检测机器人安装后能否达到预期工作状态。

检查评议

请各小组对本项目的完成情况进行评估,检查评议要点见表 4-8。

表 4-8 检查评议要点

序号	评估内容	自评	互评	师评
基本素养(20 分)				
1	纪律(无迟到、早退、旷课)(10 分)			
2	参与度、团队协作能力(5 分)			
3	安全规范操作(5 分)			
知识理论(20 分)				
1	对工业机器人安装环境和各零部件安装要求的熟悉(10 分)			
2	对工业机器人安装安全事项的熟悉(5 分)			
3	对工业机器人的技术参数和尺寸的熟悉(5 分)			
技能操作(60 分)				
1	零部件、工装、工具和耗材(5 分)			
2	机器人 J1 轴安装(5 分)			

（续）

技能操作（60分）				
序号	评估内容	自评	互评	师评
3	机器人 J2 轴安装（5分）			
4	机器人 J3 轴安装（5分）			
5	机器人 J4 轴安装（5分）			
6	机器人小臂 - 腕部组装（10分）			
7	机器人 J5 轴安装（5分）			
8	机器人 J6 轴安装（5分）			
9	机器人的拷机运行测试（5分）			
10	机器人的精度测试（5分）			
11	机器人的速度测试（5分）			
综合评价				

巩固与提高

思考题

1）简述工业机器人安装时各安装面光滑无毛刺的目的。

2）简述拧螺钉时要采用对角固定法的目的。

3）简述齿轮啮合过紧或过松会造成的影响。

Chapter 5

项目 5

工业机器人的电气结构和原理认知

学习目标

1）熟悉工业机器人控制系统的组成、功能、特点和分类等。
2）掌握工业机器人控制柜的电源控制单元中各按键的作用。
3）熟悉工业机器人控制柜的内部结构及各模块的作用。
4）熟悉工业机器人控制柜的控制器中各接口的主要功能。
5）从按键功能、画面显示、主菜单等方面认识工业机器人示教器，并能熟练使用示教器。
6）熟悉工业机器人的电气原理。

任务1　熟悉工业机器人的控制系统

任务描述

控制系统是工业机器人的重要组成部分，相当于机器人的"大脑"。控制系统的性能很大程度上决定了机器人的性能，一个良好的控制系统需要有灵活方便的操作方式，多种形式的运动控制方式和安全可靠性。学生应对工业机器人控制系统的控制流程、组成、功能、特点和分类等有所熟悉。本任务的逻辑结构如下：

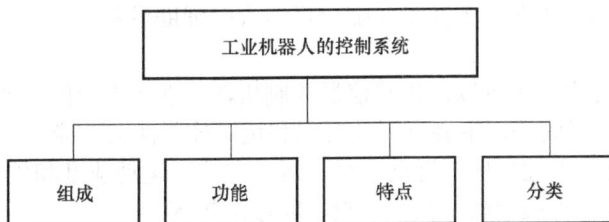

```
          工业机器人的控制系统
        ┌──────┬──────┬──────┐
      组成    功能    特点    分类
```

相关知识

在作业中，工业机器人的工作任务是要求操作机的末端执行器按规定的点位或轨迹运动，而控制系统控制操作机满足作业要求，并保持预定姿势。工业机器人控制系统的控制流程见图 5-1。

1. 控制系统的组成

工业机器人的控制系统主要包括硬件和软件两部分。硬件主要有传感装置、控制装置和关节伺服驱动部分；软件主要包括运动轨迹规划算法和关节伺服控制算法等动作程序。一个完整的工业机器人控制系统主要包括以下几部分。

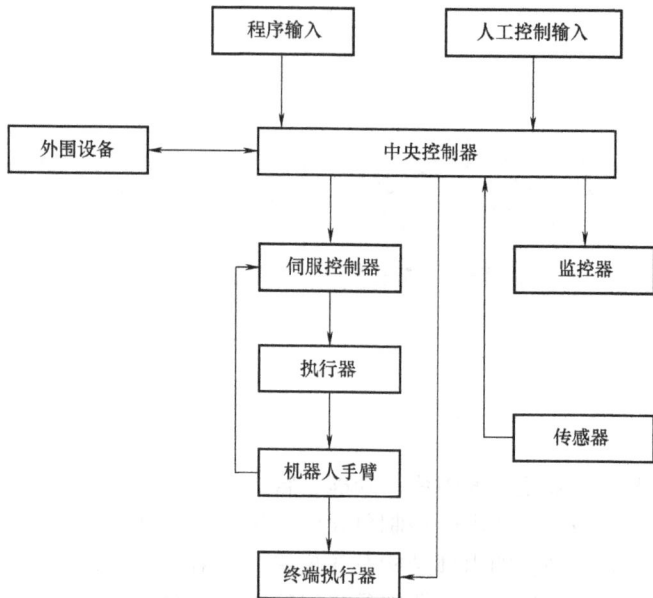

图 5-1　工业机器人控制系统的控制流程

1）控制器：它是控制系统的调度指挥机构，机器人的"大脑"。

2）示教器：它是与计算机之间交互信息的装置，用以示教机器人工作轨迹和设定参数。

3）操作面板：用以完成基本功能操作，主要包括操作按键、状态指示灯等。

4）硬盘和存储器：机器人工作程序的外部存储器。

5）各种状态、命令的输入/输出接口：包括数字量、模拟量的输入/输出接口。

6）打印机接口：统一记录需要输出的各种信息。

7）传感器接口：用于信息的自动检测，柔顺控制机器人。

8）轴控制器：一般包括每个关节的伺服控制器，从而完成对机器人每个关节的位置、速度和加速度控制。

9）通信接口：主要用于机器人和其他设备的信息交互。

10）辅助设备控制：主要用于控制及配合机器人的辅助设备。

2. 控制系统的功能

控制系统的功能是根据指令以及传感信息控制机器人在工作空间中的运动位置、姿态、轨迹、操作顺序及动作的时间等，主要有示教再现和运动控制两大功能，具体功能如下：

1）记忆功能：存储作业顺序、运动路径、运动方式、运动速度和生产工艺要求等。

2）示教功能：包括离线示教、在线示教、间接示教等。

3）联系功能：通过输入/输出接口、通信接口、网络接口、同步接口等与外围设备进行联系。

4）坐标设置功能：包括关节坐标、基础坐标和用户自定义坐标的设置。

5）人机交互功能：通过示教器、操作面板和显示屏进行人机交互。

6）传感器接口：包括内部传感器和外部传感器信息的接收和处理。

7）位置伺服功能：包括机器人的多轴联动控制、运动控制、速度控制、加速度控制和动态补偿等。

8）故障诊断安全保护功能：包括系统状态的监视、故障状态下的安全保护和故障自诊断等。

3. 控制系统的特点

机器人的结构多为空间开链机构，其各个关节的运动是独立的，为了实现末端点的运动轨迹，需要多关节的运动与协调。因此，机器人控制系统与普通控制系统相比要复杂得多，具体特点如下：

1）机器人的控制与机构运动学及动力学紧密相关。机器人手足的状态可以在各种坐标下描述，应当根据需要选择不同的参考坐标系，并做适当的坐标变换。经常要求正向运动学和反向运动学的解，除此之外还要考虑惯性、外力（包括重力）、科氏力及向心力的影响。

2）工业机器人状态和运动的数学模型是一个多变量、非线性和变参数的复杂模型，各变量之间还存在耦合。因此，系统中经常使用重力补偿、前馈、解耦或自适应控制等方法。

3）工业机器人有若干个关节，一个简单的机器人至少需要 3 个自由度，比较复杂的机器人有十几个甚至几十个自由度。每个自由度由一个伺服系统控制，多个关节的运动要求各个伺服系统协同工作。

4）机器人控制系统是一个计算机控制系统，能把多个独立的伺服系统有机地协调起来，使其按照要求动作，甚至赋予机器人一定的"智能"。

5）机器人的动作往往可以通过不同的方式和路径来完成，因此存在一个"最优"的问题。较高级的机器人可以用人工智能的方法，用计算机进行控制、决策、管理和操作。根据传感器和模式识别的方法获得对象及环境的工况，按照给定的指标要求，自动选择最佳控制规律。

4. 控制系统的分类

不同类型的控制系统的组成和工作流程也不同，控制系统的类型有非伺服型和伺服型两种。

（1）非伺服型控制系统　非伺服型控制系统的工作能力是有限的，它们往往涉及那些叫作"终点""抓放"或"开关"式的机器人，尤其是"有限顺序"机器人。其组成及工作流程见图 5-2。

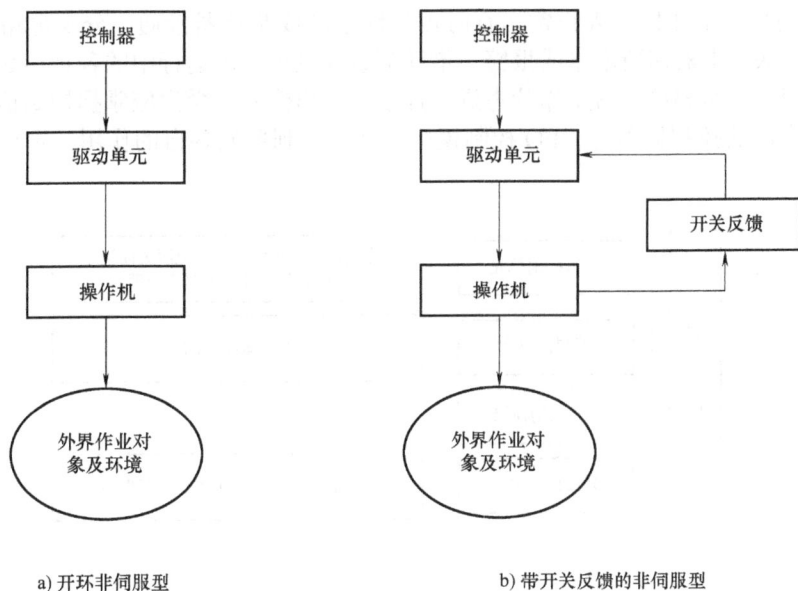

a) 开环非伺服型　　　　　　　　b) 带开关反馈的非伺服型

图 5-2　非伺服型控制系统的组成及工作流程

（2）伺服型控制系统　伺服型控制系统具有反馈控制功能，比非伺服机器人有更强的工作能力，因而价格较贵，但在某些情况下不如简单的机器人可靠。其组成及工作流程见图 5-3。

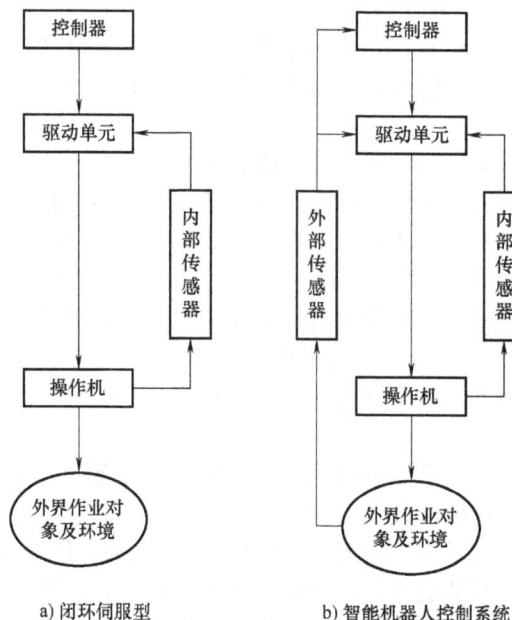

a) 闭环伺服型   b) 智能机器人控制系统

图 5-3 伺服型控制系统的组成及工作流程

任务2 掌握工业机器人控制柜的构成

任务描述

通过控制柜，工业机器人正常运行时可借助手动或断路器接通、分断电路；故障或非正常运行时借助保护电器切断电路或报警；借助测量仪表可显示运行中的各种参数；可对某些电气参数进行调整，对偏离正常工作状态进行提示或发出信号。学生应掌握控制柜外部的电源控制单元以及内部的控制器单元、I/O 控制模块、其他控制单元各自的作用。本任务的逻辑结构如下：

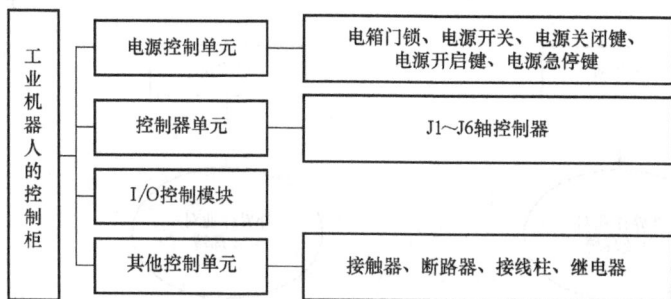

相关知识

工业机器人的控制柜是按电气接线要求将开关设备、测量仪表、保护电器和辅助设备组装在封闭或半封闭金属柜中或屏幅上，便于检修，不危及人身及周围设备的安全。

工业机器人的控制柜主要由电源控制单元、控制器单元、I/O 控制模块、其他控制单元（接触器、断路器、接线柱、继电器）等组成。

　　工业机器人控制柜的外部结构见图 5-4，主要由电箱门锁、电源开关、电源开启键、电源关闭键、电源急停键、示教器挂钩等组成。

　　工业机器人控制柜的内部结构见图 5-5，主要由 J1 ～ J6 轴控制器、I/O 控制模块、接触器、断路器、接线柱和继电器等组成。

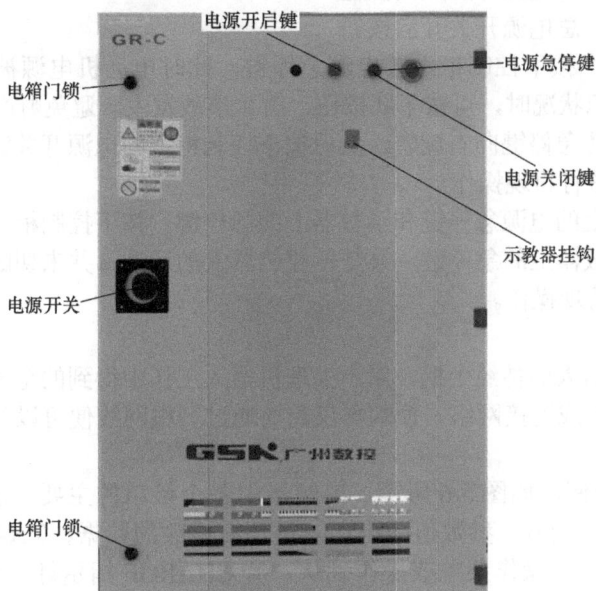

图 5-4　控制柜的外部结构

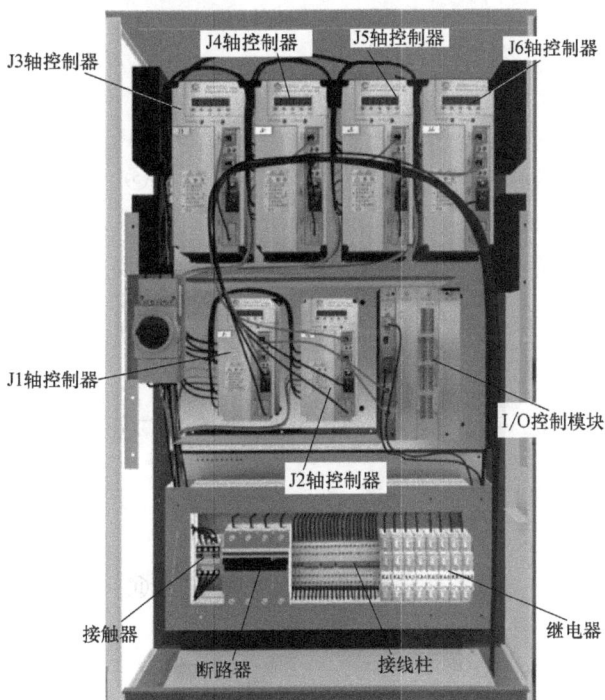

图 5-5　控制柜的内部结构

1. 电源控制单元

（1）电箱门锁　控制柜面板上有两处电箱门锁，需同时按下才能正常开启柜门。

（2）电源开关　伺服驱动单元及示教器的控制开关，逆时针旋转为关闭电源，顺时针旋转为打开电源。

（3）电源关闭键　总电源开关关闭按钮。

（4）电源开启键　总电源开关开启按钮。

（5）电源急停键　按下控制柜上的电源急停键，此时电动机电源被切断，机器人立刻停止。当机器人处于紧急状况时，可按下此按钮，防止事故发生，避免财产损失。

将控制柜上的电源急停键向右旋转，然后按下控制柜上的电源开关键接通伺服电源，之后重启机器人才可重新进行再现操作。

注意区分控制柜上的电源急停键和示教器上的急停键。按下控制柜上的电源急停键，伺服电源被切断；按下示教器上的急停键，只是暂停机器人的运动，并未切断伺服电源，在松开急停键后，机器人恢复再现操作。

2. 控制器单元

控制器单元是机器人的神经中枢，用于处理机器人工作中得到的全部信息。与伺服驱动构成以太网传输闭环而形成连接网络，控制器仅需要通过一根网线便可以与多个总线交流伺服驱动通信。

以 J2 轴控制器为例，如图 5-6 所示，控制器中各个接口的主要功能为：①参数序列号，参数值增加；②参数序列号，参数值减小；③循环被修改的数据；④返回上一层操作菜单或操作取消；⑤进入下一层操作菜单或操作确认；⑥ CHARGE 指示灯，是 CHARGE 伺服单元主回路直流母线的高压指示灯，指示灯亮时不允许拆、装伺服单元或电源线、电动机线、制动电阻线；⑦ POWER 指示灯，是伺服单元控制电路电源指示灯；⑧ CN1 为以太网输入接口；⑨ CN2 为以太网输入接口；⑩ CN3 为对应轴电动机编码器反馈输入接口，可接入增量式或绝对式编码器信号。

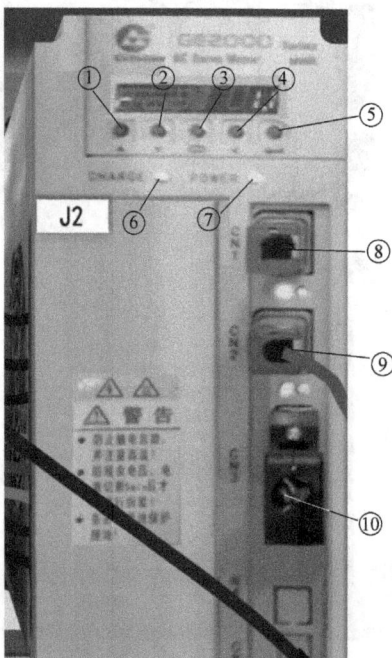

图 5-6　机器人 J2 轴控制器

3. I/O 控制模块

I/O 控制模块主要用于现场总线通信，为程序提供模拟信号 I/O（输入 / 输出）处理，见图 5-7。

图 5-7　I/O 控制模块

4. 其他控制单元

其他控制单元包括接触器、断路器、接线柱和继电器等。

（1）接触器　接触器（见图 5-8）得电后，控制器方可得电。

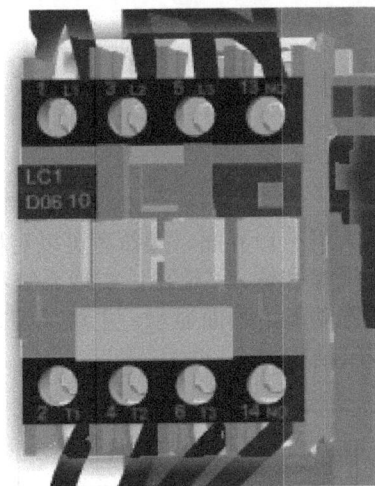

图 5-8　接触器

（2）断路器　断路器为控制柜内的辅助电源开关，见图 5-9。

（3）接线柱　接线柱（见图 5-10）用于连接电动机电源及编码线路与控制器之间的导线。

图 5-9　断路器

（4）继电器　继电器（见图 5-11）通过对应输入信号控制接触器，进而完成机器人运动控制。

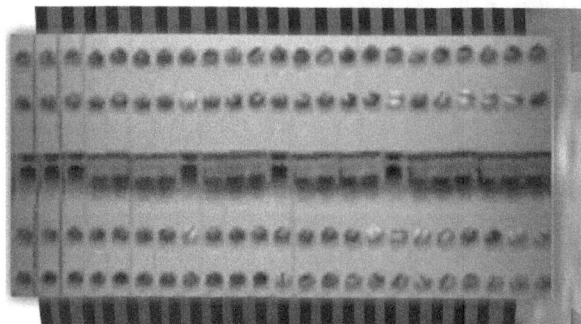

图 5-10　接线柱

图 5-11　继电器

任务 3　认知工业机器人的示教器

任务描述

示教器为用户提供了友好的人机接口界面，操作者可以对程序文件进行编辑、管理、示教检查和再现运行，监控坐标值、变量和输入 / 输出，实现系统和机器设置，及时显示报警信息及必要操作提示等。学生应从按键功能、画面显示、主菜单等方面认识工业机器人示教器，并能熟练使用示教器。本任务的逻辑结构如下：

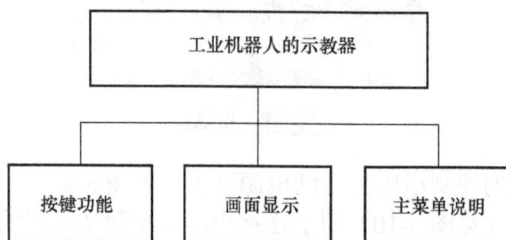

相关知识

示教器是一个用来注册和存储机械运动或处理记忆的设备，主要由各种按键和显示屏两部分组成。这里以广州数控设备有限公司生产的示教器（见图5-12）为例，介绍其按键功能、画面显示、主菜单说明等。

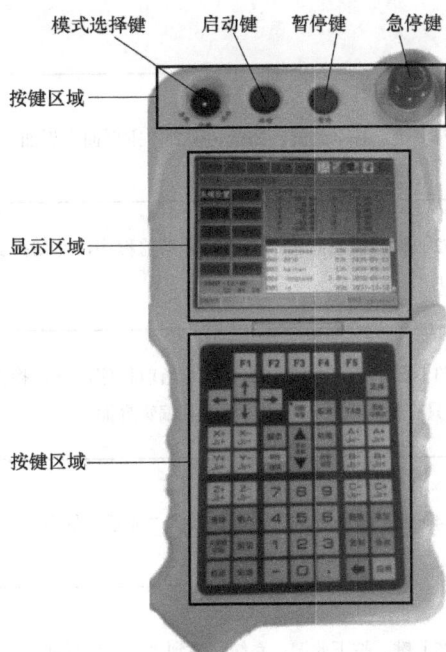

图 5-12　广州数控设备有限公司生产的示教器

1. 按键功能

示教器各按键的功能见表5-1。

表 5-1　示教器的按键功能

	［急停］键，按下此键，机器人停止运行，屏幕上显示急停信息。松开急停键时，需手动按［清除］键用以清除报警信息，使系统恢复正常状态
	［暂停］键（白色），再现运行程序时，按下该键可暂停运行程序
	［启动］键（绿色），再现模式下，伺服单元就绪后，按下此键开始运行程序
	［模式选择］键，可分为示教模式、再现模式和远程模式。示教模式时可用示教器进行轴操作和编程操作；再现模式时可对示教好的文件进行再现运行；远程模式时可远程操作机器

	［使能开关］键，示教机器人前，必须先将使能开关键轻轻按下，再按下轴操作键或前进／后退键，机器人才能运动。一旦松开或用力按下，关断使能键，机器人立即停止运动
F1	［F1］键，按下此键，系统切换到"主页面"界面
F2	［F2］键，按下此键，系统打开当前程序，并切换到"程序"界面，即可预览、再现运行程序
F3	［F3］键，按下此键，系统打开当前程序，并切换到"编辑"界面，即可预览、编辑程序。只有在示教模式下才可切换到编辑界面
F4	［F4］键，按下此键，系统切换到"显示"界面
F5	［F5］键，按下此键，系统切换到"工具"界面
方向键	方向键，用来改变光标焦点，实现菜单、按钮以及数值修改等功能
轴操作键	轴操作键，在示教模式下，轻轻按下使能开关键，再按下轴操作键，机器人各轴可在当前坐标系下按一定方式运动

（续）

数字键盘（- 8 9 / 4 5 6 / 1 2 3 / - 0）	数值键，用于数字字符的输入
选择	［选择］键，按下此键，可执行相应按钮对应的功能，进入相应菜单对应的窗口或打开光标所在的文件
伺服准备	［伺服准备］键，要再现运行需先选择再现模式再按下此键，然后按下［开始］按钮才能再现（要保证机器人在起始位置）。此键按下后，左上角的灯会变成红色
取消	［取消］键，此键用于关闭当前窗口（示教编程窗口除外），返回上一层界面
坐标设定	［坐标设定］键，按下此键可切换机器人的动作坐标系，每按下一次，坐标系按以下顺序变化：关节→直角→工具→用户→关节
获取示教点	［获取示教点］键，在编辑运动指令时，按下此键可以获取示教点（机器人当前的位置）
翻页	［翻页］键，按下此键可实现翻页功能。按下［翻页］键，实现向下翻页；按下［转换］+［翻页］键，实现向上翻页
转换	［转换］键，在特定界面与其他键配合使用。与［翻页］键配合，实现向上翻页的功能。预览程序时，［转换］+［上方向］，实现跳转到首行的功能；［转换］+［下方向］，实现跳转到末行的功能。在软键盘界面，该键用于切换大写字母、小写字母、符号字符。在指令编辑时，该键用于切换一些指令参数，如 ON → OFF
高 手动 速度 低	［手动速度］键，机器人运行速度的设定键，用于示教和再现两种方式速度的调节。 每按一次高速键，速度按以下顺序变化：微动→低速→中速→高速→超高速。每按一次低速键，速度按以下顺序变化：超高速→高速→中速→低速→微动
单段连续	［单段连续］键，示教模式下，按下此键可在"单段""连续"两个动作循环模式之间切换

（续）

TAB	［TAB］键，按下此键，可在当前界面显示区域间切换光标，通常［TAB］键和四个方向键共同配合，用于移动光标，选择图形元素
清除	［清除］键，按下此键可清除报警信息（伺服报警除外）以及清除人机接口显示区的提示信息等
外部轴切换	［外部轴切换］键，按下此键，当前［X+］、［X−］切换为外部轴 1 的轴操作键；当前［Y+］、［Y−］切换为外部轴 2 的轴操作键。再次按下此键，切换为原来的功能
输入	［输入］键，按下此键，可确认用户当前的输入内容
删除	［删除］键，按下此键，可进行程序文件、指令的删除等操作
添加	［添加］键，在程序编辑页面，按下此键，系统进入程序编辑的添加模式
修改	［修改］键，在程序编辑页面，按下此键，系统进入程序编辑的修改模式
复制	［复制］键，编辑模式下，该键有复制指令的功能。第一次按下该键，可选择要复制的区域，第二次按下该键，可选择粘贴的位置，第三次按下该键，则系统进行复制动作
剪切	［剪切］键，编辑模式下，该键有剪切指令的功能。第一次按下该键，可选择要剪切的区域，第二次单击该键，可选择粘贴的位置，第三次按下该键，则系统进行剪切动作
前进	［前进］键，按住此键时，机器人按示教的程序点轨迹运行。非运动指令语句直接执行
后退	［后退］键，按住此键时，机器人按示教的程序点轨迹逆向运行
←	［退格］键，在编辑 / 数字框中按下此键可删除字符
应用	［应用］键，此键为一个外部应用开关。［转换］+［应用］，用于在焊接、喷涂时，启动和关闭信号

2. 画面显示

示教器的显示屏主页面共分为 8 个显示区：快捷菜单区、系统状态显示区、导航条区、主菜单区、时间显示区、人机对话显示区、位置显示区和文件列表区。通过 [TAB] 键和方向键可切换光标焦点。示教器显示屏的主页面画面见图 5-13。

图 5-13　示教器显示屏的主页面画面

（1）快捷菜单区　示教器快捷菜单区主要有"主页面""程序""编辑""显示""工具"5个选项，见图 5-14。

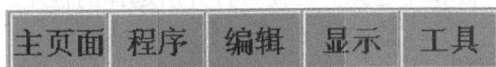

图 5-14　快捷菜单区

1）主页面，用于返回"主页面"界面。

2）程序，用于打开当前"程序"界面。在该界面，可以预览、单段连续示教、再现运行程序。

3）编辑，只用于编辑当前程序。在"编辑"界面，可以对程序进行添加、删除、复制粘贴、剪切粘贴、修改等操作。

4）显示，用于查看系统相关的运行状态。在"显示"界面，可以查看机器运行状态、总线状态等变量的信息。

5）工具，用于打开工具子菜单执行相关功能。

（2）系统状态显示区　系统状态显示区显示机器人的状态信息并根据机器人的当前状态不同而改变，见图 5-15。

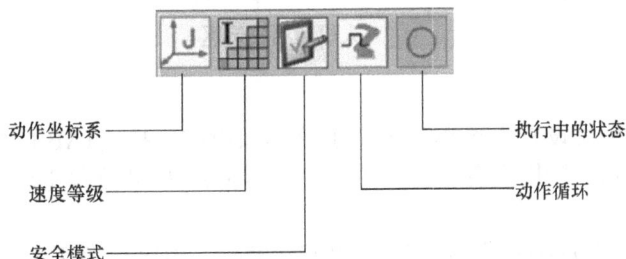

图 5-15　系统状态显示区

1）动作坐标系，显示被选择的坐标系。通过按示教器上的［坐标设定］键可依次切换关节坐标系 J →直角坐标系 B →工具坐标系 T →用户坐标系 U 。

2）速度等级：显示被选定的手动速度。通过按示教器上的［手动速度］键可依次切换微动 I →低速 L →中速 M →高速 H →超高速 S 。

3）安全模式，显示被选择的安全模式。在"系统设置"菜单的"模式切换"选项中可选择操作模式 、编辑模式 和管理模式 。

操作模式是面向生产线中监视机器人动作的操作者的模式，主要可进行机器人起动、停止、监视操作等，可进行生产线异常时的恢复作业等。

编辑模式是面向示教作业的操作者的模式，比操作模式可进行的作业有所增加，可操作机器人缓慢动作，以及各种程序文件的编辑等。

管理模式是面向设定及维护系统的操作者的模式，比编辑模式可进行的作业有所增加，可进行参数设定、用户口令的修改等管理操作。

4）执行中的状态，显示当前状态，有停止 、暂停 、急停 和运行 四种状态。

（3）主菜单区　主菜单区中一共拥有 10 个子菜单，见图 5-16。在"主页面"界面，通过［TAB］键可将光标移动到主菜单区，配合方向键和［选择］键便可进入菜单对应界面，完成相应操作。

（4）文件列表区　文件列表区将显示所有系统包含的程序信息，包括文件列表记录号、文件名、文件大小、文件创建日期，见图 5-17。在"主页面"界面，通过［TAB］键可将光标移动到文件列表区，配合方向键和［选择］键便可打开所选择的程序。

图 5-16　主菜单区

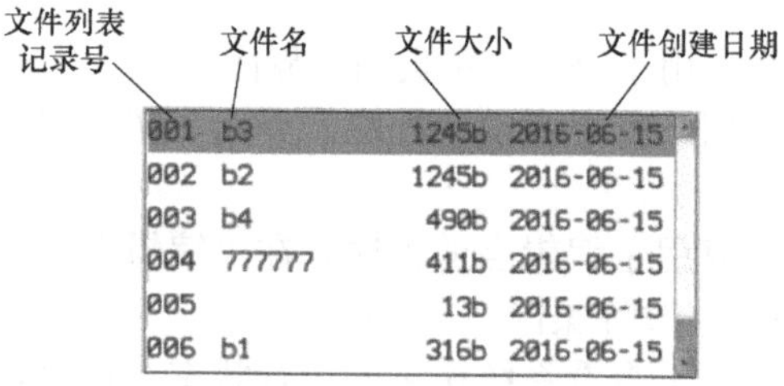

图 5-17　示教器文件列表区

（5）人机对话显示区　人机对话显示区显示各种提示信息和报警信息等，见图 5-18。

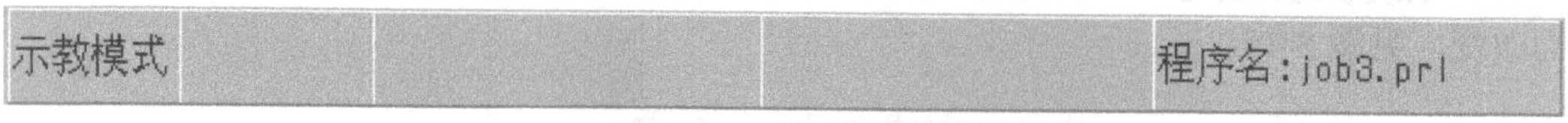

图 5-18　人机对话显示区

3. 主菜单说明

（1）系统设置　"系统设置"菜单由 8 个子菜单项组成，按［TAB］键选中"系统设置"菜单，再按［选择］键，弹出子菜单，见图 5-19。再通过方向键和［选择］键进入相应的界面。

①绝对零点，用来设置绝对零点位置；②工具坐标，用来设置工具坐标；③用户坐标，用来设置用户坐标；④系统时间，用来设置系统时间；⑤口令设置，用来设置系统编辑模式

和管理模式的口令；⑥模式切换，用来切换当前安全模式；⑦系统速度，用来设置当前各个速度等级的速度比例值和开机默认速度等级；⑧主程序设置，用来设置在远程模式下调用的主程序。

（2）程序管理 "程序管理"菜单由 2 个子菜单项组成，按［TAB］键和方向键选中"程序管理"菜单，并按［选择］键，弹出子菜单，见图 5-20。再通过方向键和［选择］键，进入相应的界面。

图 5-19　"系统设置"菜单

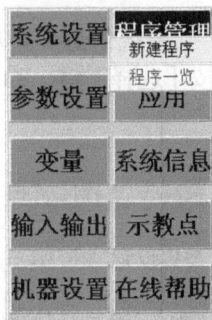

图 5-20　"程序管理"菜单

①新建程序，用来创建新的程序文件；②程序一览，用来执行复制、删除、重命名程序文件等操作。

（3）参数设置 "参数设置"菜单由 5 个子菜单项组成，按［TAB］键和方向键选中"参数设置"菜单，并按［选择］键，弹出子菜单，见图 5-21。再通过方向键和［选择］键进入相应的界面。

①关节参数，用来设置关节参数，包括各轴最大允许速度、最大允许加速度、错误停止减速度；②轴参数，用来设置相关参数，包括轴精度、轴减速比、机械补偿值和轴方向；③运动参数，用来设置相关参数，包括机器人运动加减速时间、最大允许速度、最大允许姿态速度、最大位置加速度、最大姿态加速度、最大位置停止减速度和最大姿态停止减速度；④伺服参数，用来设置伺服参数；⑤连杆参数，用来设置连杆参数。

（4）应用 "应用"菜单由 6 个子菜单项组成，按［TAB］键和方向键选中"应用"菜单，并按［选择］键，弹出子菜单，见图 5-22。再通过方向键和［选择］键进入相应的界面。

图 5-21　"参数设置"菜单

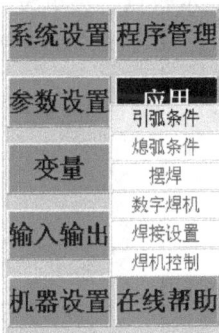

图 5-22　"应用"菜单

①引弧条件，用来设置引弧条件参数，包括焊接电流、焊接电压、定时器和速度；②熄弧条件，用来设置熄弧条件参数，包括焊接电流、焊接电压、定时器；③摆焊，用来设置摆焊条件参数，包括形式、平滑、频率、纵向距离、水平距离和角度；④数字焊机，用来对数字焊机

进行参数设置；⑤焊接设置，用来设置焊接时的条件，包括焊接所使用的焊机类型、焊接过程是否检测引弧成功信号、焊接过程是否检测粘丝信号；⑥焊机控制，用来控制焊机点动送丝、检气、抽丝等操作。

（5）变量　"变量"菜单由2个子菜单项组成，按[TAB]键和方向键选中"变量"菜单，并按[选择]键，弹出子菜单，见图5-23。再通过方向键和[选择]键，进入相应的界面。

①整数型，用来查看、修改整数型变量信息；②笛卡儿位姿，用来查看、修改笛卡儿位姿型变量信息。

（6）系统信息　"系统信息"菜单由5个子菜单项组成，按[TAB]键和方向键选中"系统信息"菜单，并按[选择]键，弹出子菜单，见图5-24。再通过方向键和[选择]键进入相应的界面。

图5-23　"变量"菜单

图5-24　"系统信息"菜单

①报警信息，用来浏览最近20条历史报警信息，包括报警号、报警说明、报警时间等；②按键信息，用来测试按键是否有效；③版本信息，用来显示当前系统的版本信息，包括机器人型号、解析器版本、显示器版本、机器人硬件版本、运动控制器版本、主控制器版本、软件版本时间和版本标识等；④工具坐标，查看工具坐标信息和设值当前工具坐标；⑤用户坐标，查看用户坐标信息和设值当前用户坐标。

（7）输入输出　"输入输出"菜单没有子菜单项，按[TAB]键和方向键选中"输入输出"菜单，并按[选择]键打开"输入输出"菜单界面，该界面用来控制、查看32个数字信号输出和输入端口，见图5-25。

（8）示教点　"示教点"菜单没有子菜单项，按[TAB]键和方向键选中"示教点"菜单，并按[选择]键打开"示教点"菜单界面，该界面用来查看程序文件的示教点信息，见图5-26。

图5-25　"输入输出"菜单界面

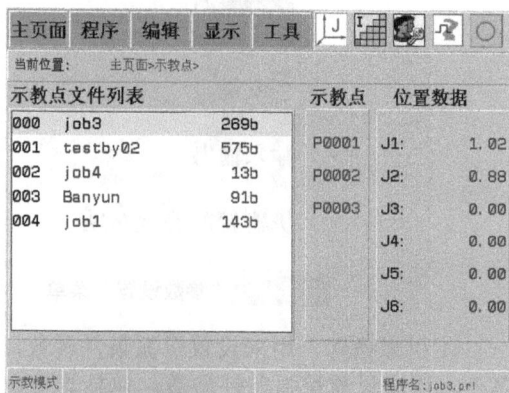

图5-26　"示教点"菜单界面

（9）机器设置　"机器设置"菜单由 3 个子菜单项组成，按［TAB］键和方向键选中"机器设置"菜单，并按［选择］键，弹出子菜单，见图 5-27。再通过方向键和［选择］键进入相应的界面。

①再现运行方式，用来对再现运行方式进行设置；②软极限，用来对软极限进行设置；③干涉区，用来对干涉区进行设置。

（10）在线帮助　"在线帮助"菜单由 2 个子菜单项组成，按［TAB］键和方向键选中"在线帮助"菜单，并按［选择］键，弹出子菜单，见图 5-28。再通过方向键和［选择］键进入相应的界面。

图 5-27　"机器设置"菜单

图 5-28　"在线帮助"菜单

①指令，用来浏览各个指令的简要说明解释；②操作，用来浏览操作说明文档。

扩展知识

KUKA 示教器——机器人家族的游戏机

目前工业机器人的人机交互方式即编程方式仍然以示教器为主。示教器是一种专用的手持设备，可以理解成一个加强版的平板计算机，通过它可以完成对机器人的设置、编程、维护等操作。常见的 6 轴工业机器人共有 6 个自由度，因此在编程时，需要示教器具备 6 组 12 个独立的按键来对这 6 个自由度进行操作，当工业机器人处于关节运动模式时，分别控制 1 ～ 6 轴的正转和反转，当工业机器人处于笛卡儿空间运动时分别控制 X、Y、Z 以及绕 X/Y/Z 的旋转。

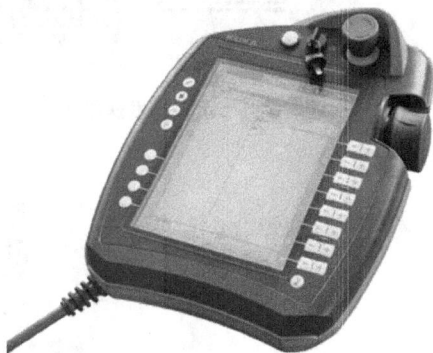

图 5-29　KUKA smartPad 示教器

这么多按钮使用起来通常较烦琐，但是 KUKA 示教器通过 6D 鼠标来解决这一问题，见图 5-29。区别于有 2 个自由度，只能控制上下 + 左右的普通遥杆，KUKA 的 6D 鼠标可以同时控制工业机器人实现上下、左右、前后、回转、俯仰、偏转和俯仰运动。

同时，机器人的功能越强大，直观感知式机器人操作界面就越重要。新型 KUKA smartPAD 示教器在超大高清无反射触摸屏上以最佳的效果显示出如何直观地操控机器人。智能交互式对话窗口向用户清晰地展示各项流程，随时响应用户需求，由此实现全面智能。

任务 4　熟悉工业机器人的电气原理

任务描述

了解工业机器人驱动轴动作时，控制系统输入输出信号、总线传输的工作过程，进而熟悉工业机器人的电气原理。

相关知识

1. 工业机器人的电气工作过程

通过工业机器人 J1 轴关节运动案例介绍机器人电气原理，具体内容如下：①电源送电，通过示教器给机器人一个运动指令，见图 5-30；②通过 I/O 控制模块传输输入信号；③通过网线传输将信号传给 J1 轴控制器中的 CN1 端口，见图 5-31；④通过 J1 轴控制器中的 CN2 端口，将通信信号输出，伺服使能打开，见图 5-31；⑤再由 J1 轴控制器中的 CN3 端口，反馈电动机编码器信号，见图 5-31；⑥控制器完成电动机的信号输出，通过电动机编码线及电源线传输给电动机，见图 5-32；⑦电动机得电，带动齿轮运转，见图 5-32；

工业机器人交流伺服电动机采用高速、高精度光电编码器进行信号反馈，与高性能驱动单元配合调节机器人高精度的速度和位置控制，工业机器人 J1 ～ J6 轴电动机分布见图 5-33。

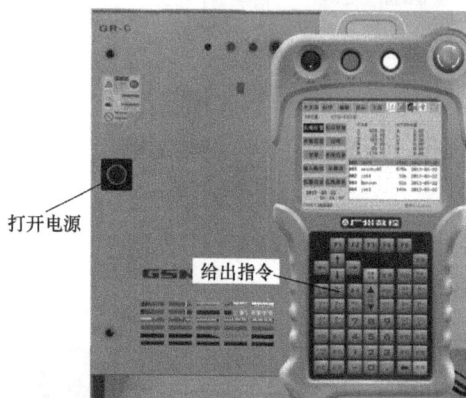

图 5-30　示教器发送指令

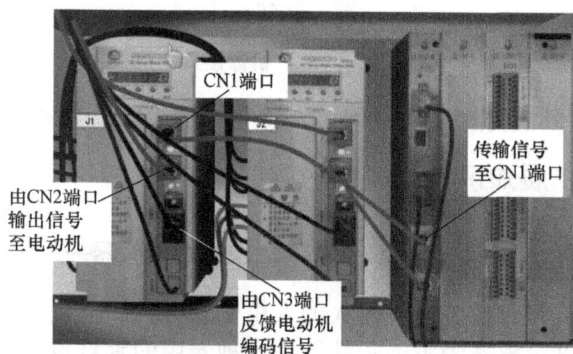

图 5-31　CN1 ～ CN3 端口

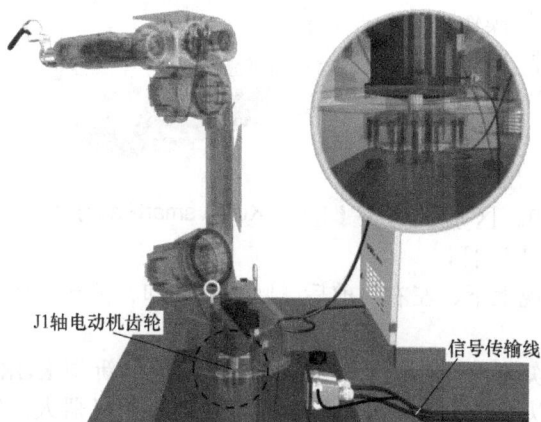

图 5-32　电动机的信号输出

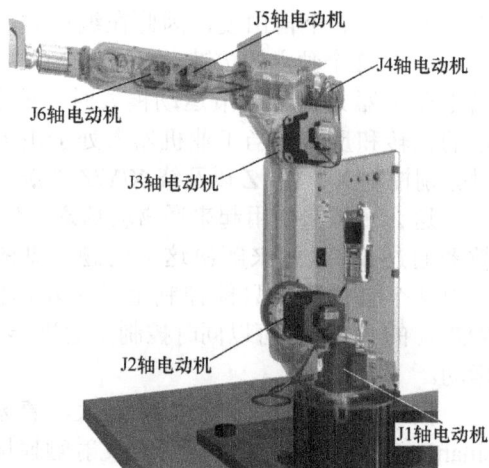

图 5-33　工业机器人 J1 ～ J6 轴电动机分布

2. RB 08 型工业机器人部分电路

RB 08 型工业机器人的部分电路见图 5-34 ～图 5-53。

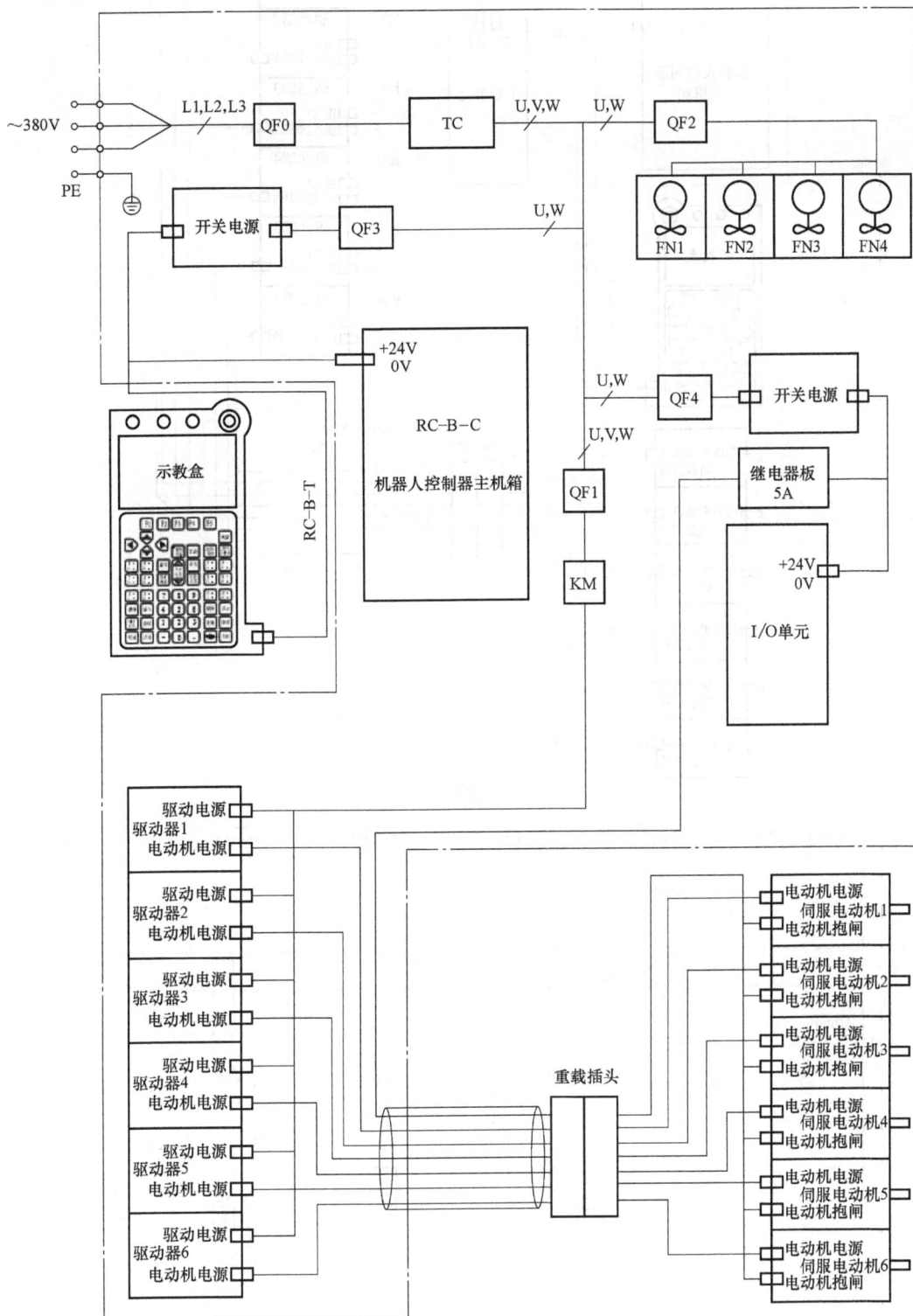

图 5-34

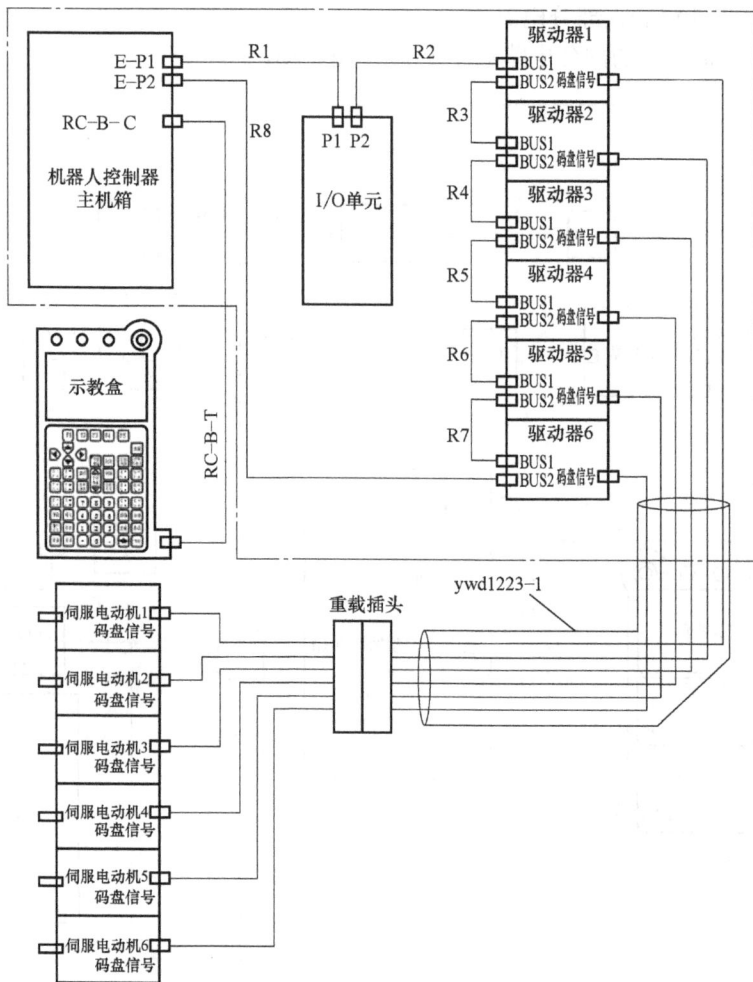

图 5-35

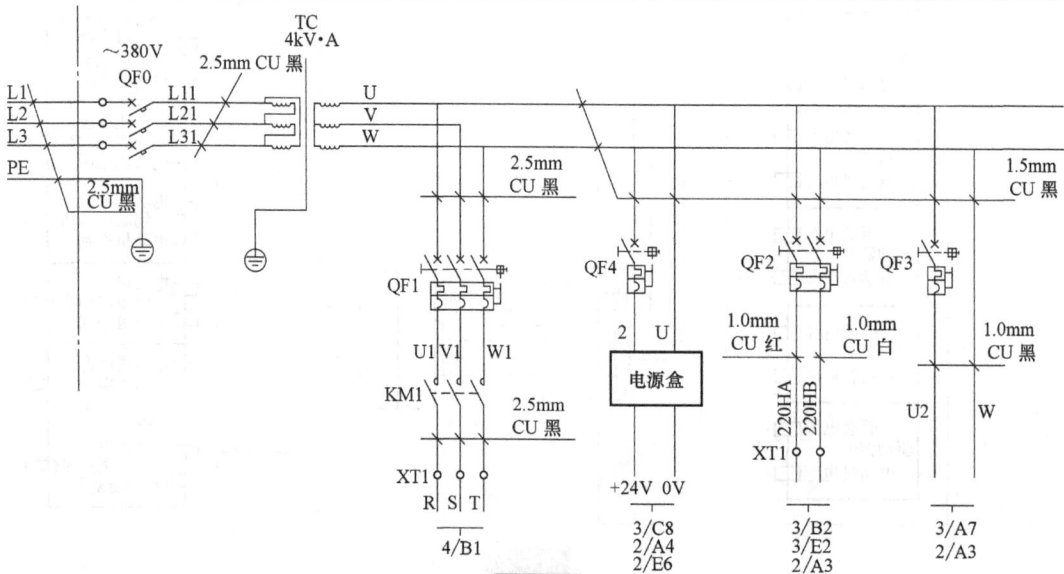

图 5-36

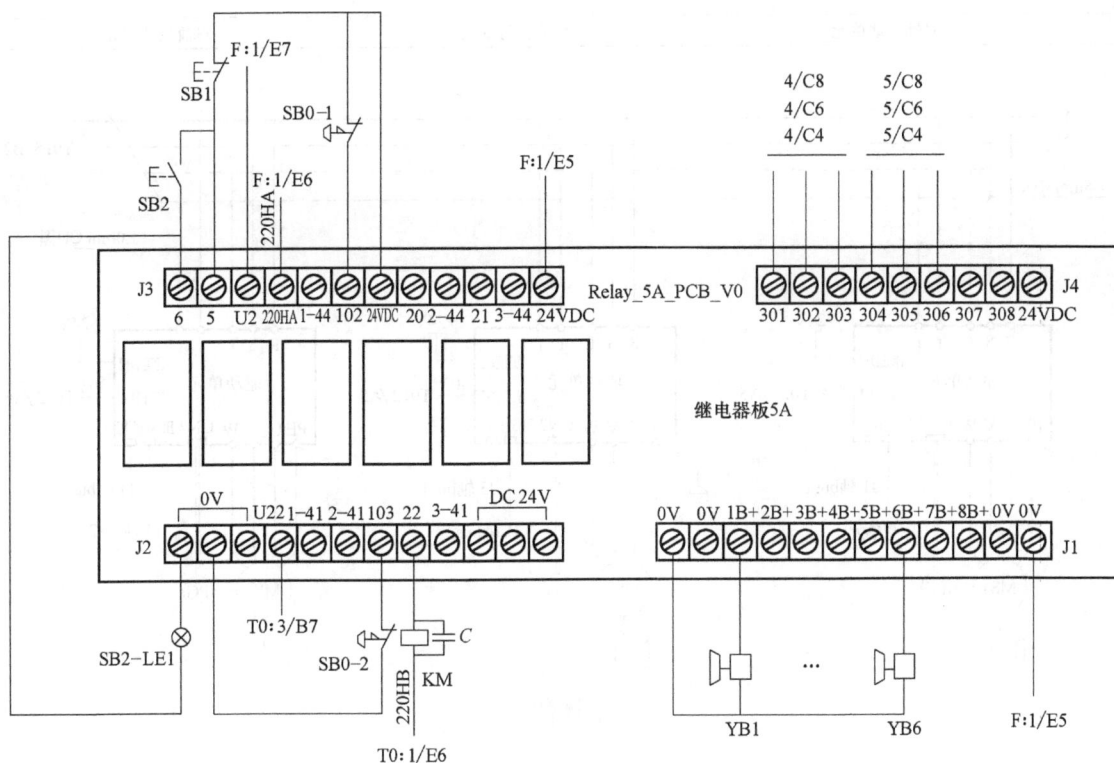

图 5-37

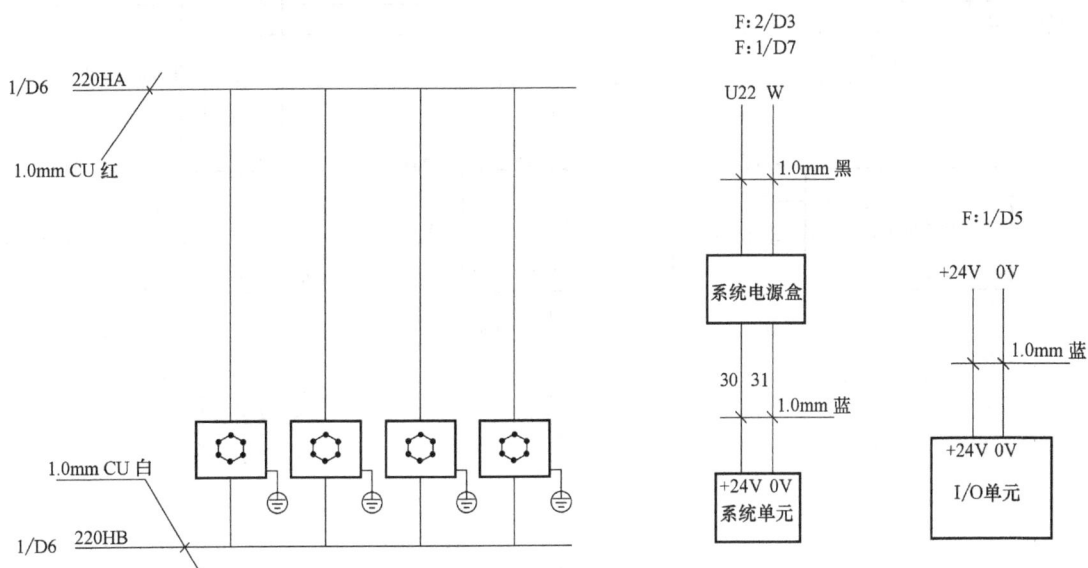

图 5-38

| J1轴驱动单元 | J2轴驱动单元 | J3轴驱动单元 |

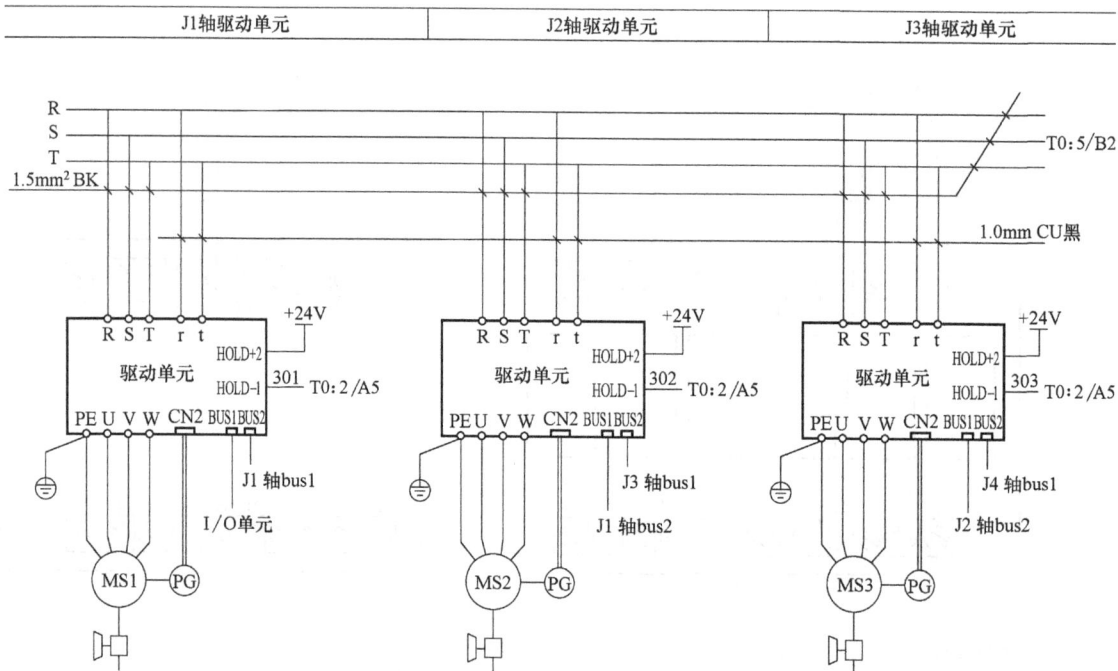

图 5-39

| J4轴驱动单元 | J5轴驱动单元 | J6轴驱动单元 |

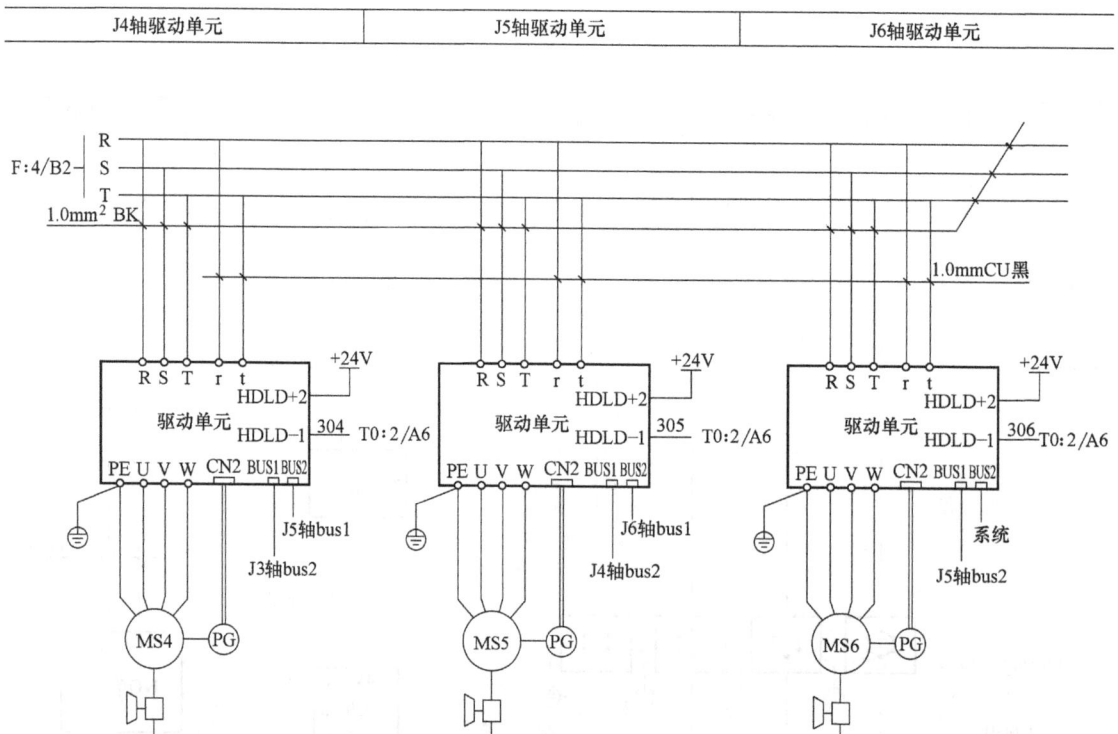

图 5-40

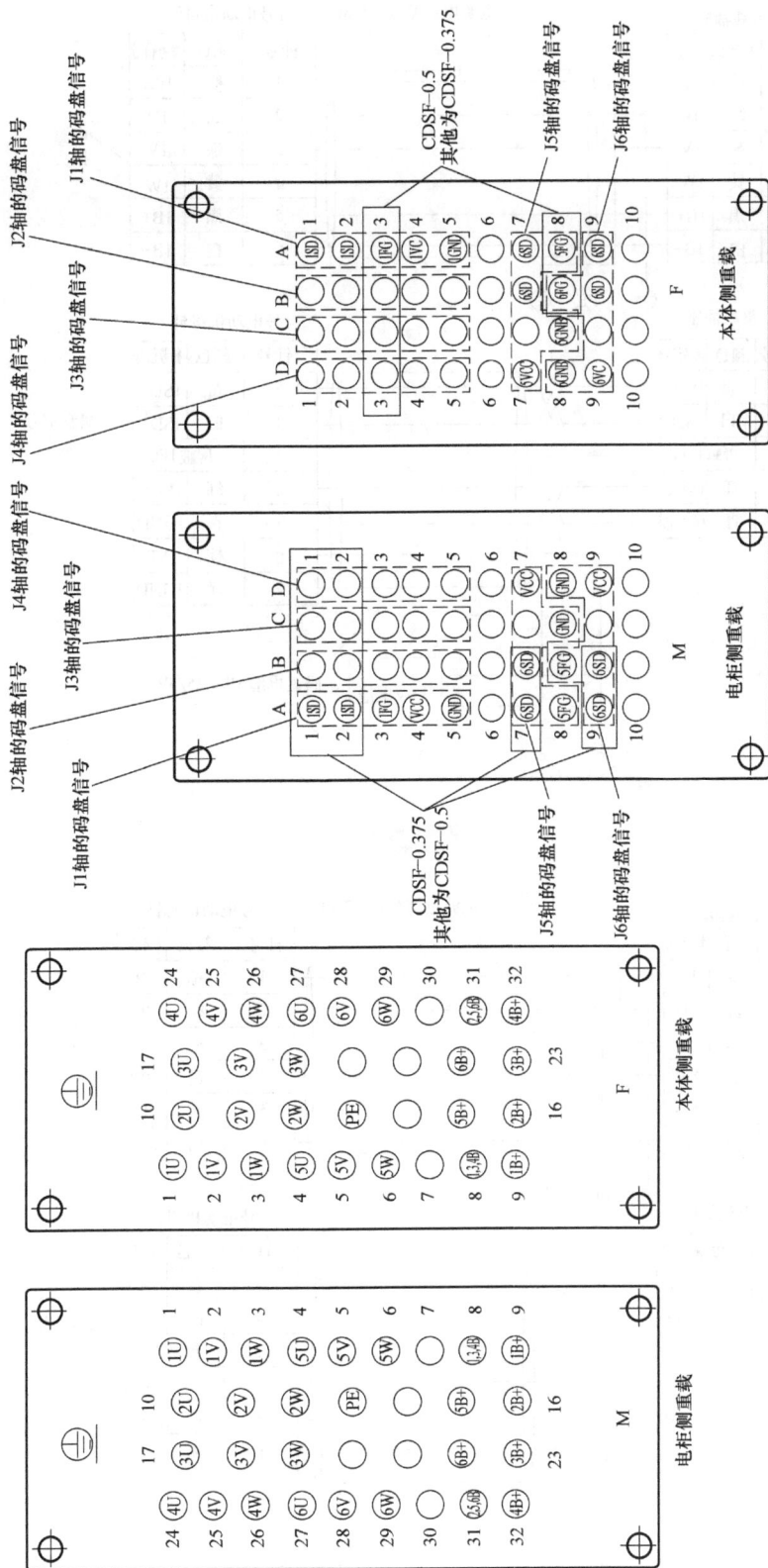

图 5-41

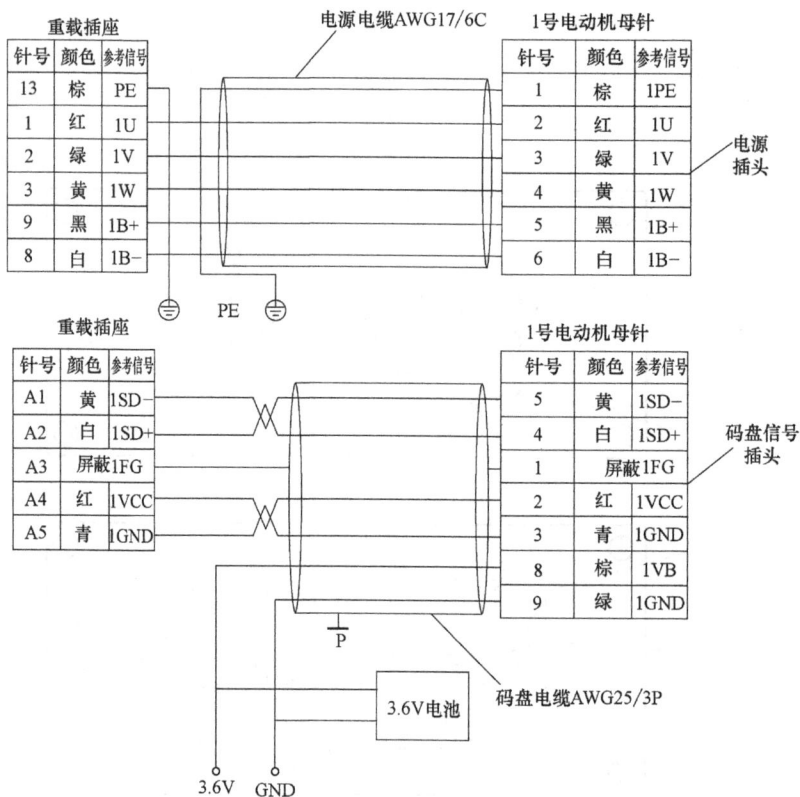

图 5-42

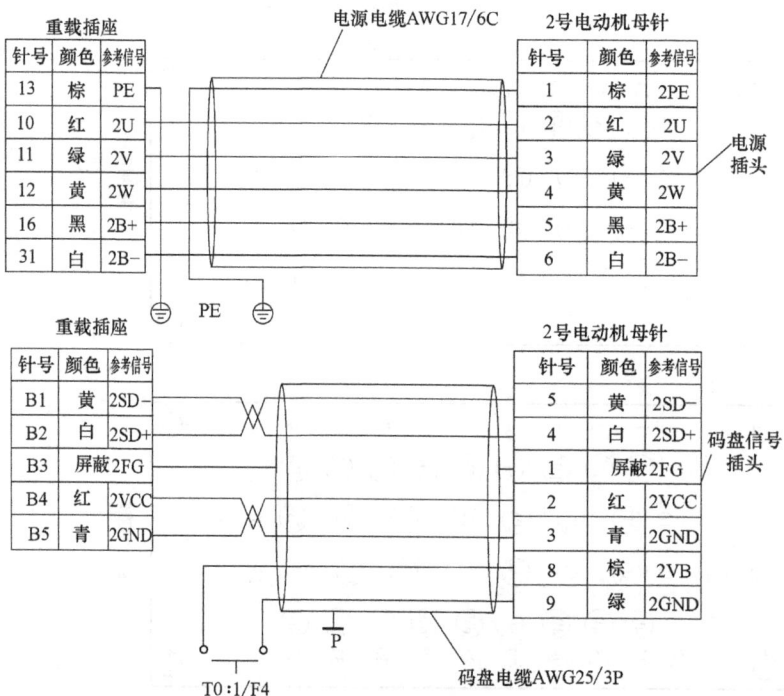

图 5-43

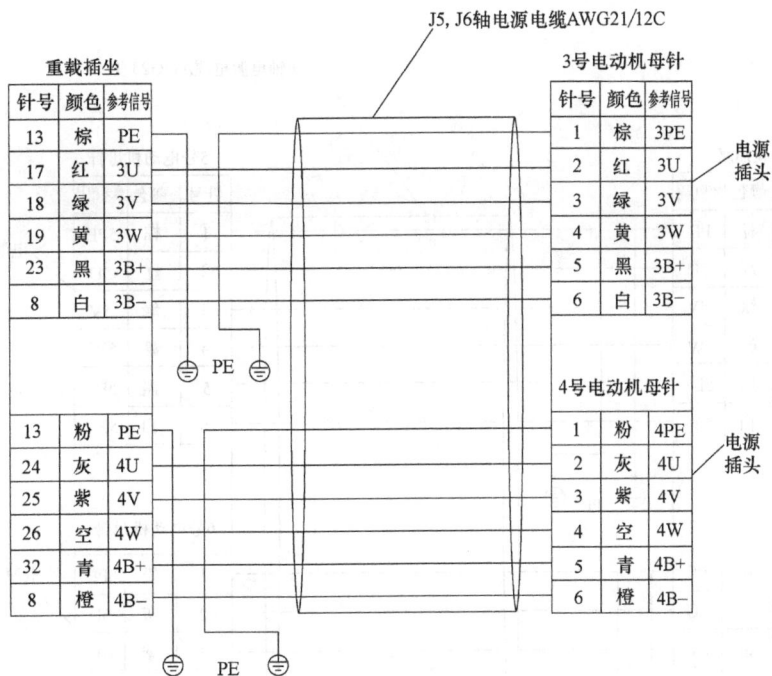

图 5-44

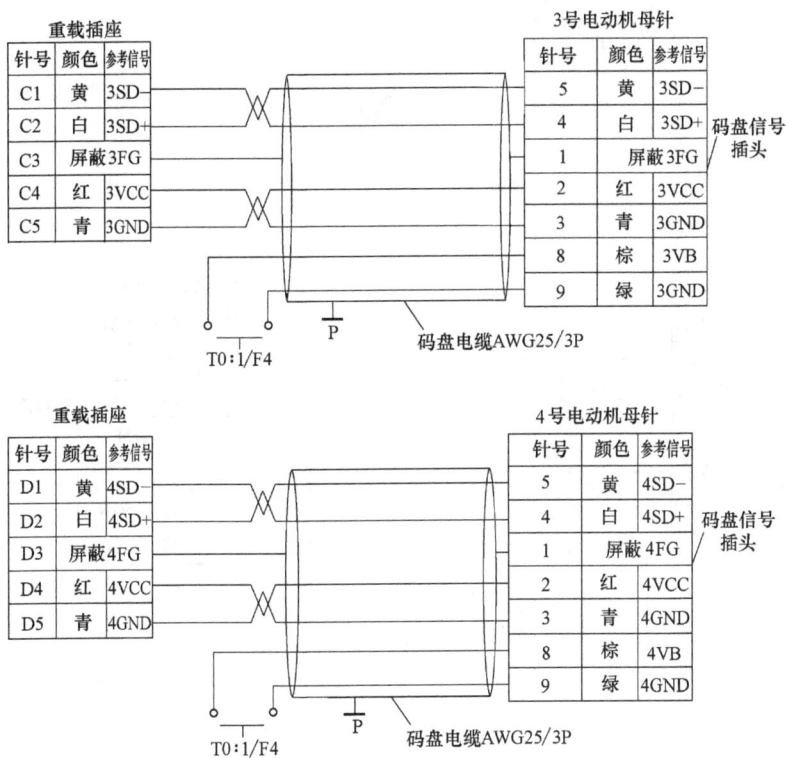

图 5-45

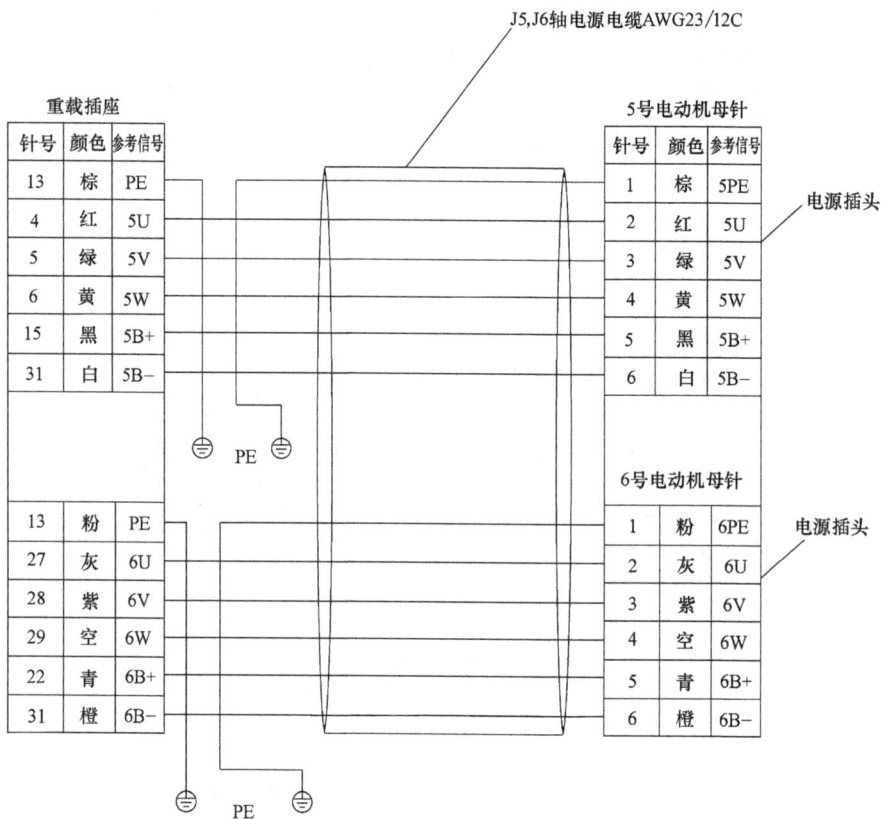

图 5-46

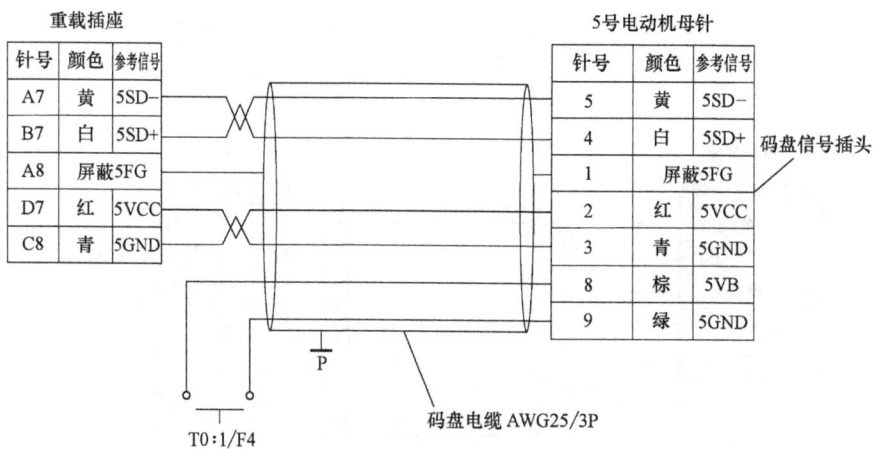

图 5-47

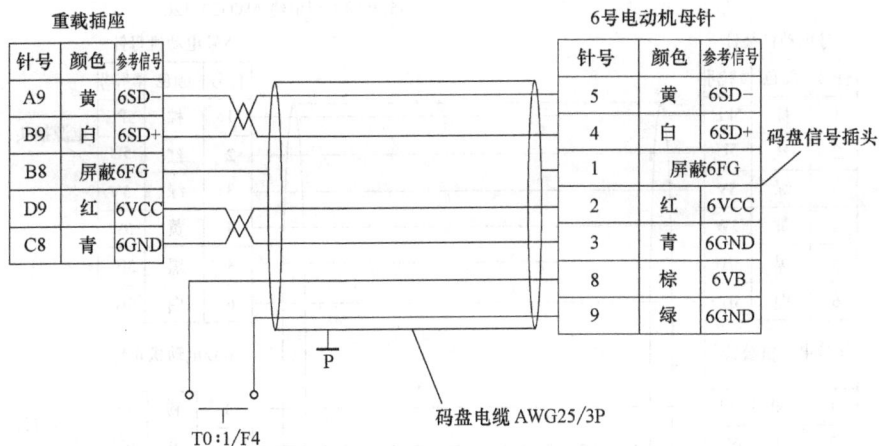

图 5-47 （续）

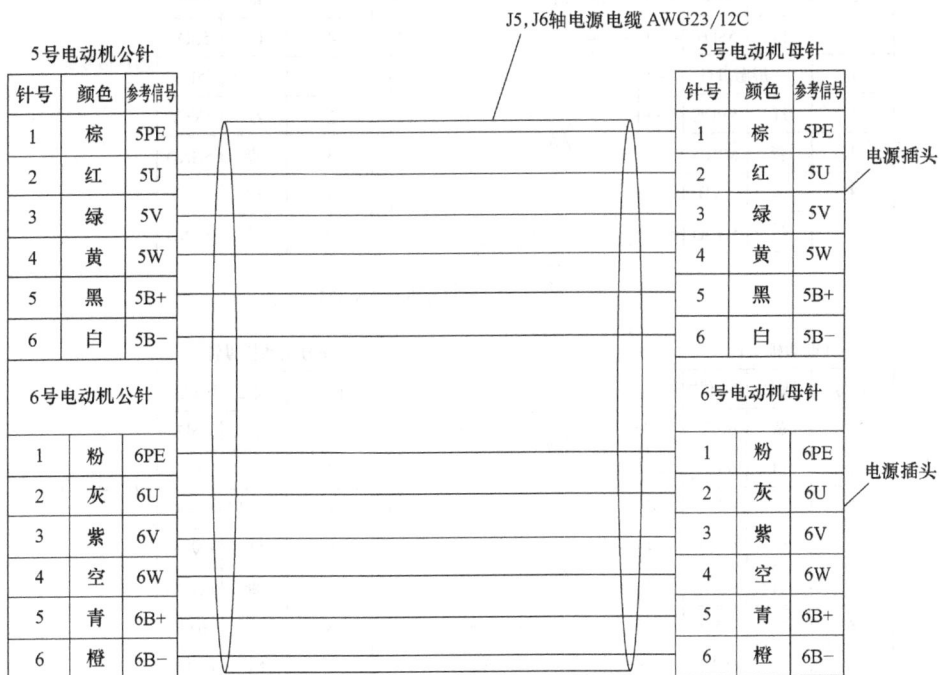

图 5-48

J5,J6轴电源电缆 AWG23/12C

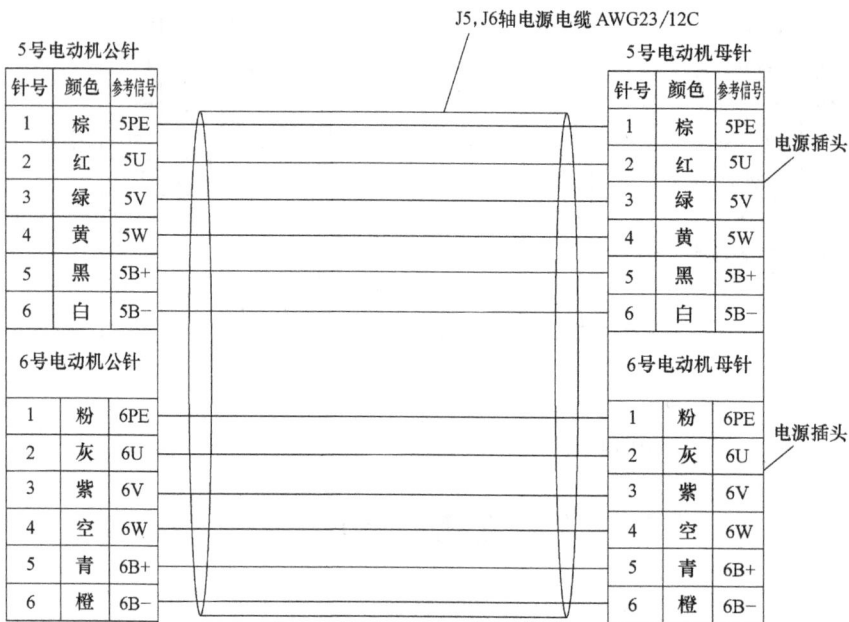

图 5-49

5号电动机公针		
针号	颜色	参考信号
1	棕	5PE
2	红	5U
3	绿	5V
4	黄	5W
5	黑	5B+
6	白	5B−

6号电动机公针		
针号	颜色	参考信号
1	粉	6PE
2	灰	6U
3	紫	6V
4	空	6W
5	青	6B+
6	橙	6B−

5号电动机母针		
针号	颜色	参考信号
1	棕	5PE
2	红	5U
3	绿	5V
4	黄	5W
5	黑	5B+
6	白	5B−

电源插头

6号电动机母针		
针号	颜色	参考信号
1	粉	6PE
2	灰	6U
3	紫	6V
4	空	6W
5	青	6B+
6	橙	6B−

电源插头

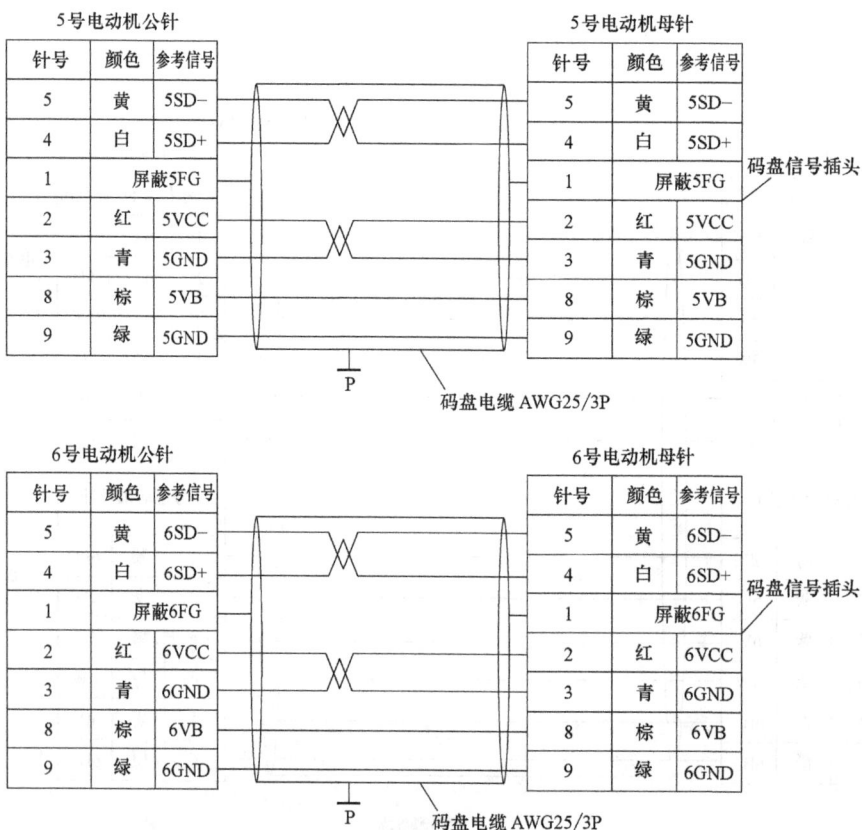

码盘电缆 AWG25/3P

图 5-50

5号电动机公针		
针号	颜色	参考信号
5	黄	5SD−
4	白	5SD+
1	屏蔽	5FG
2	红	5VCC
3	青	5GND
8	棕	5VB
9	绿	5GND

5号电动机母针		
针号	颜色	参考信号
5	黄	5SD−
4	白	5SD+
1	屏蔽	5FG
2	红	5VCC
3	青	5GND
8	棕	5VB
9	绿	5GND

码盘信号插头

P

6号电动机公针		
针号	颜色	参考信号
5	黄	6SD−
4	白	6SD+
1	屏蔽	6FG
2	红	6VCC
3	青	6GND
8	棕	6VB
9	绿	6GND

6号电动机母针		
针号	颜色	参考信号
5	黄	6SD−
4	白	6SD+
1	屏蔽	6FG
2	红	6VCC
3	青	6GND
8	棕	6VB
9	绿	6GND

码盘信号插头

P

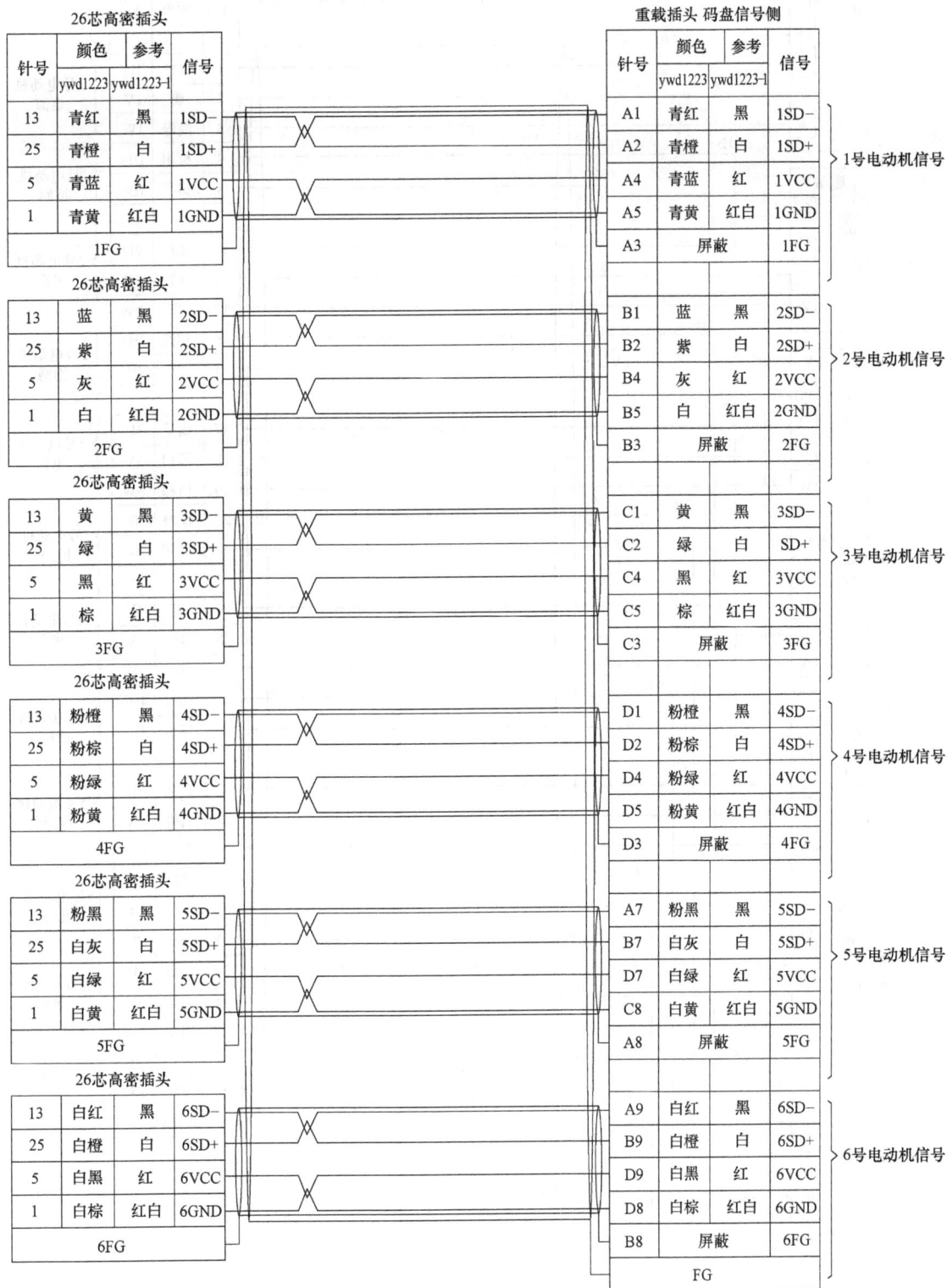

26芯高密插头

针号	颜色		参考	信号
	ywd1223	ywd1223-1		
13	青红	黑		1SD−
25	青橙	白		1SD+
5	青蓝	红		1VCC
1	青黄	红白		1GND
1FG				

重载插头 码盘信号侧

针号	颜色		参考	信号
	ywd1223	ywd1223-1		
A1	青红	黑		1SD−
A2	青橙	白		1SD+
A4	青蓝	红		1VCC
A5	青黄	红白		1GND
A3	屏蔽			1FG

1号电动机信号

26芯高密插头

13	蓝	黑	2SD−
25	紫	白	2SD+
5	灰	红	2VCC
1	白	红白	2GND
2FG			

B1	蓝	黑	2SD−
B2	紫	白	2SD+
B4	灰	红	2VCC
B5	白	红白	2GND
B3	屏蔽		2FG

2号电动机信号

26芯高密插头

13	黄	黑	3SD−
25	绿	白	3SD+
5	黑	红	3VCC
1	棕	红白	3GND
3FG			

C1	黄	黑	3SD−
C2	绿	白	SD+
C4	黑	红	3VCC
C5	棕	红白	3GND
C3	屏蔽		3FG

3号电动机信号

26芯高密插头

13	粉橙	黑	4SD−
25	粉棕	白	4SD+
5	粉绿	红	4VCC
1	粉黄	红白	4GND
4FG			

D1	粉橙	黑	4SD−
D2	粉棕	白	4SD+
D4	粉绿	红	4VCC
D5	粉黄	红白	4GND
D3	屏蔽		4FG

4号电动机信号

26芯高密插头

13	粉黑	黑	5SD−
25	白灰	白	5SD+
5	白绿	红	5VCC
1	白黄	红白	5GND
5FG			

A7	粉黑	黑	5SD−
B7	白灰	白	5SD+
D7	白绿	红	5VCC
C8	白黄	红白	5GND
A8	屏蔽		5FG

5号电动机信号

26芯高密插头

13	白红	黑	6SD−
25	白橙	白	6SD+
5	白黑	红	6VCC
1	白棕	红白	6GND
6FG			

A9	白红	黑	6SD−
B9	白橙	白	6SD+
D9	白黑	红	6VCC
D8	白棕	红白	6GND
B8	屏蔽		6FG
FG			

6号电动机信号

图 5-51

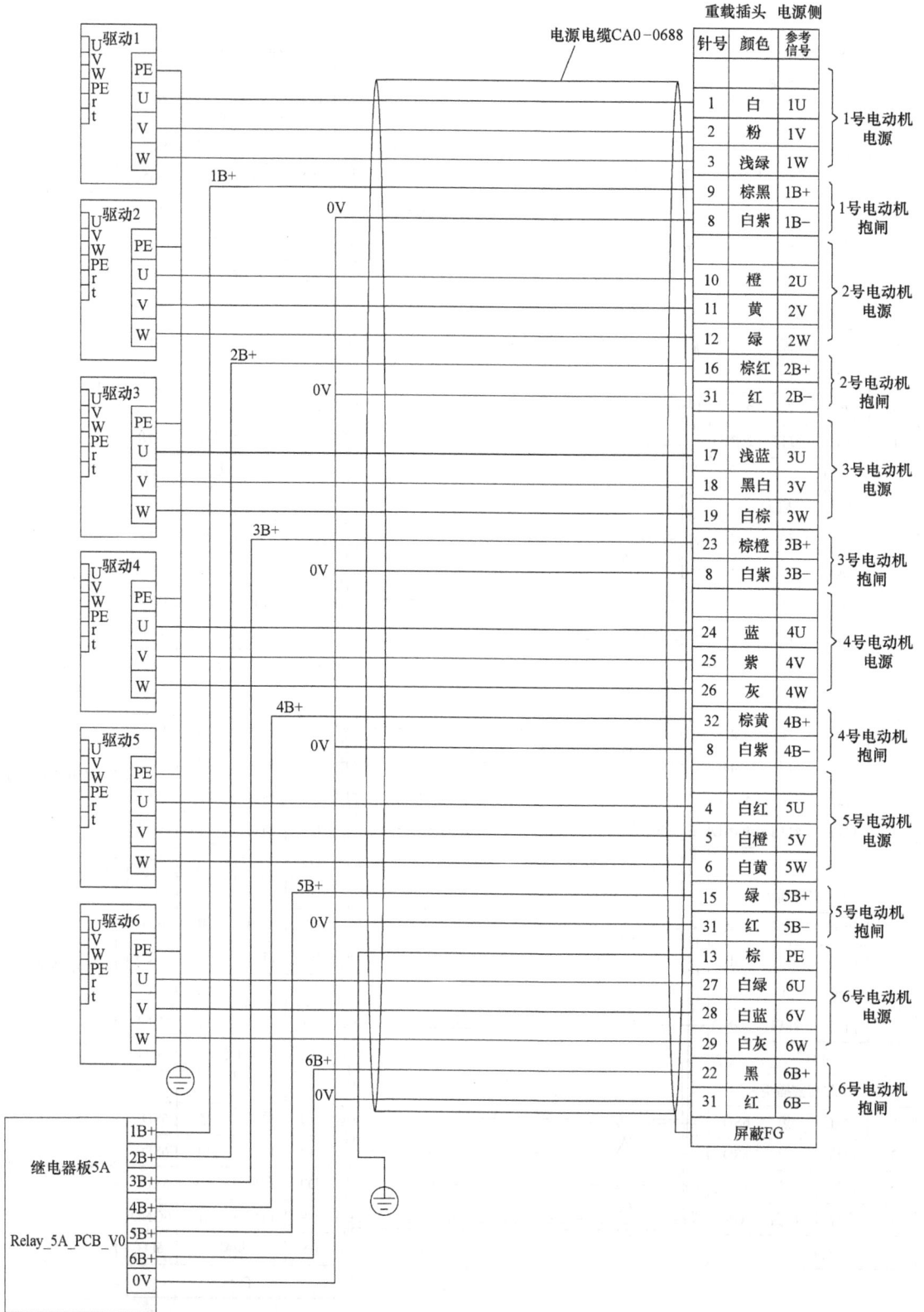

| 重载插头 电源侧 |
|

针号	颜色	参考信号	
1	白	1U	1号电动机电源
2	粉	1V	
3	浅绿	1W	
9	棕黑	1B+	1号电动机抱闸
8	白紫	1B-	
10	橙	2U	2号电动机电源
11	黄	2V	
12	绿	2W	
16	棕红	2B+	2号电动机抱闸
31	红	2B-	
17	浅蓝	3U	3号电动机电源
18	黑白	3V	
19	白棕	3W	
23	棕橙	3B+	3号电动机抱闸
8	白紫	3B-	
24	蓝	4U	4号电动机电源
25	紫	4V	
26	灰	4W	
32	棕黄	4B+	4号电动机抱闸
8	白紫	4B-	
4	白红	5U	5号电动机电源
5	白橙	5V	
6	白黄	5W	
15	绿	5B+	5号电动机抱闸
31	红	5B-	
13	棕	PE	
27	白绿	6U	6号电动机电源
28	白蓝	6V	
29	白灰	6W	
22	黑	6B+	6号电动机抱闸
31	红	6B-	
屏蔽FG			

电源电缆CA0-0688

驱动1 U V W PE r t PE U V W
1B+
0V
驱动2 U V W PE r t PE U V W
2B+
0V
驱动3 U V W PE r t PE U V W
3B+
0V
驱动4 U V W PE r t PE U V W
4B+
0V
驱动5 U V W PE r t PE U V W
5B+
0V
驱动6 U V W PE r t PE U V W
6B+
0V

继电器板5A

Relay_5A_PCB_V0

1B+
2B+
3B+
4B+
5B+
6B+
0V

图 5-52

本体上的备用插座(底座处)　　　　　　　　　　　　　　　　　　　　本体上的备用插座(小臂上)

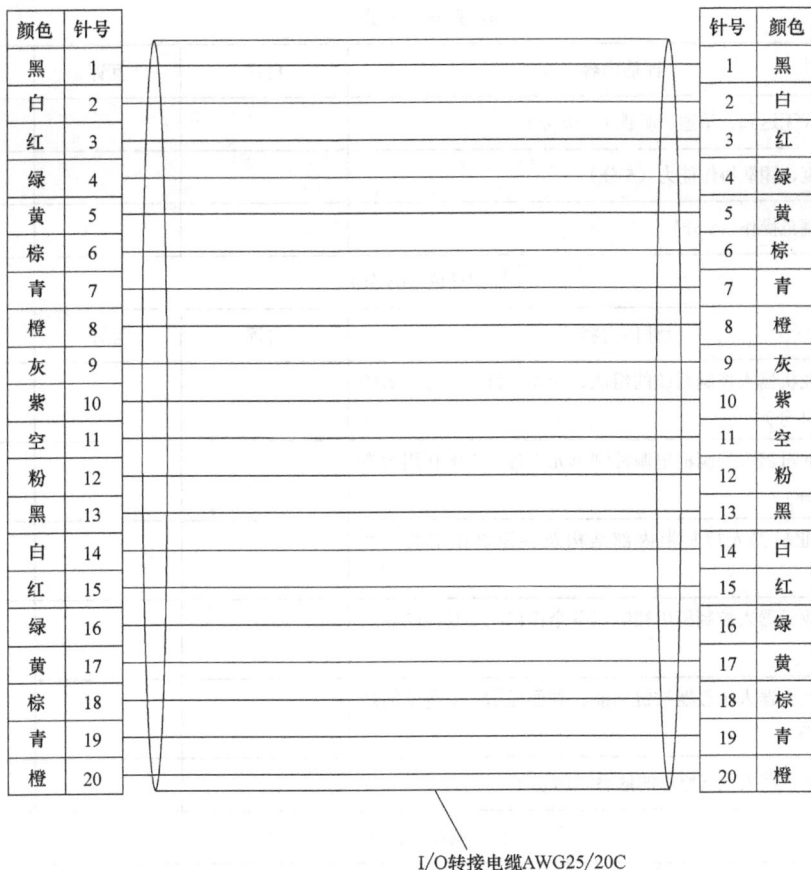

颜色	针号
黑	1
白	2
红	3
绿	4
黄	5
棕	6
青	7
橙	8
灰	9
紫	10
空	11
粉	12
黑	13
白	14
红	15
绿	16
黄	17
棕	18
青	19
橙	20

针号	颜色
1	黑
2	白
3	红
4	绿
5	黄
6	棕
7	青
8	橙
9	灰
10	紫
11	空
12	粉
13	黑
14	白
15	红
16	绿
17	黄
18	棕
19	青
20	橙

I/O转接电缆AWG25/20C

图 5-53

项目小结

控制系统是工业机器人的重要组成部分，相当于机器人的"大脑"。控制系统主要包括硬件和软件两部分。硬件主要有传感装置、控制装置和关节伺服驱动部分；软件主要包括运动轨迹规划算法和关节伺服控制算法等动作程序。控制系统的功能是根据指令以及传感信息控制机器人在工作空间中的运动位置、姿态、轨迹、操作顺序及动作的时间等，主要有示教再现和运动控制两大功能。控制系统的类型有非伺服型和伺服型控制系统。

工业机器人的控制柜是按电气接线要求将开关设备、测量仪表、保护电器和辅助设备组装在封闭或半封闭金属柜中或屏幅上，主要由电源控制单元、控制器单元、I/O控制模块、其他控制单元（接触器、断路器、接线柱、继电器）等组成。

示教器为用户提供了友好的人机接口界面，操作者可以对程序文件进行编辑、管理、示教检查和再现运行，监控坐标值、变量和输入输出，实现系统和机器设置，及时显示报警信息及必要操作提示等，主要由各种按键和显示屏两部分组成。

检查评议

请各小组对本项目的本项目的完成情况进行评估，检查评议要点见表 5-2。

表 5-2 检查评议要点

基本素养（20分）				
序号	评估内容	自评	互评	师评
1	纪律（无迟到、早退、旷课）（10分）			
2	参与度、团队协作能力（5分）			
3	安全规范操作（5分）			

知识理论（65分）				
序号	评估内容	自评	互评	师评
1	对工业机器人控制系统的组成、功能、特点和分类等的熟悉（10分）			
2	对工业机器人控制柜电源控制单元中各操作键作用的掌握（10分）			
3	对工业机器人控制柜内部结构及各模块作用的熟悉（10分）			
4	对工业机器人控制柜中控制器各个接口主要功能的熟悉（10分）			
5	对工业机器人示教器按键功能、画面显示、主菜单的熟悉（15分）			
6	对工业机器人电气原理的熟悉（10分）			

技能操作（15分）				
序号	评估内容	自评	互评	师评
1	示教器的使用（15分）			
综合评价				

巩固与提高

1. 选择题

1）控制系统根据指令以及传感信息控制机器人在工作空间中的运动位置、姿态、轨迹、操作顺序及动作的时间等，下面（　　）是控制系统的功能。

①记忆功能　②示教功能　③人机交互功能　④故障诊断安全保护功能　⑤实际操作功能

A. ①②③④　　　　　　B. ③④⑤　　　　　　C. ①③④⑤　　　　　　D. ①②③④⑤

2）示教器系统状态显示区中显示当前坐标系为关节坐标系的标志是（　　）。

A. 〔Ｊ〕　　　　　　B. 〔Ｂ〕　　　　　　C. 〔Ｔ〕　　　　　　D. 〔Ｕ〕

3）示教器系统状态显示区中显示当前安全模式为编辑模式的标志是（　　）。

A. 〔图〕　　　　　　B. 〔图〕　　　　　　C. 〔图〕

2. 思考题

1）简述图 5-54 所示控制柜中外部结构（左）和内部结构（右）的组成和作用。

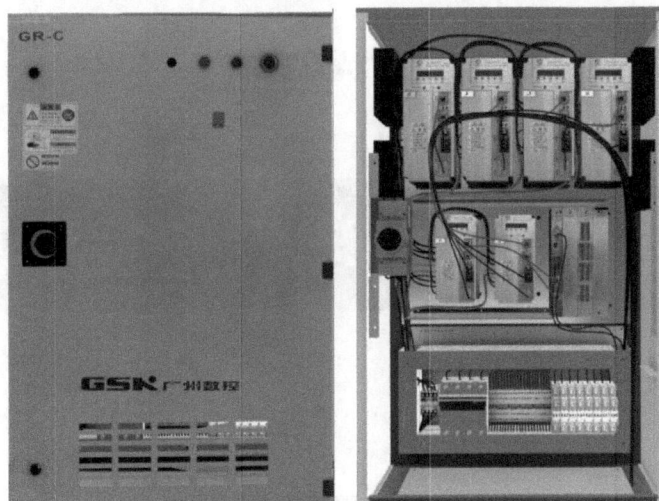

图 5-54　控制柜外部和内部结构

2）简述示教盒与控制柜上急停键的区别。

3）以 J1 轴关节运动为例,简述工业机器人的电气工作过程。

4）尝试在示教器上新建程序,并进行添加、修改、删除、剪切、复制等指令的编辑操作。

Chapter 6

项目 6

工业机器人的电气安装与调试

学习目标

1）掌握工业机器人电气安装的顺序和步骤并能进行熟练操作。

2）掌握工业机器人电气安装的接线顺序。

3）熟悉工业机器人电气调试的主要内容和步骤并能进行熟练操作。

任务1 掌握工业机器人的电气安装

任务描述

以广州数控设备有限公司生产的 RH 08 型工业机器人为例。进行工业机器人的电气安装练习，应熟悉该型工业机器人电气安装的顺序和步骤并能熟练操作。本任务的逻辑结构如下：

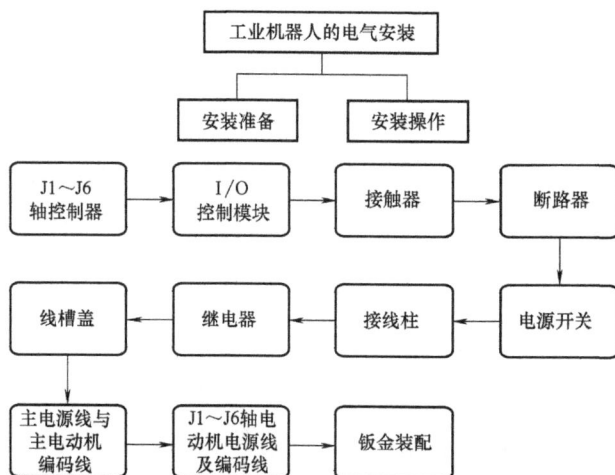

相关知识

（1）安装要求 进行工业机器人电气安装时应遵守要求，规范地进行安装，安装环境的要求详见项目 2 中任务 2 的相关知识 1，螺钉的安装要求详见项目 2 任务 2 中的相关知识 2，电气接线和电器元件的安装要求详见项目 2 中任务 2 的相关知识 8、9。

（2）安全事项 应注意工业机器人安装操作的安全事项，主要体现在人身安全和工业机器人安全两个方面，相关知识详见项目 2 中的任务 3。

（3）技术参数　以 RH 08 型工业机器人的电气安装作为装配案例进行学习，该型工业机器人的技术参数和尺寸详见项目 3 中任务 6 的相关知识 6，电路图见项目 5 中任务 4 的相关知识 2。

任务准备

工业机器人安装时应准备如下几点：

①作业资料，包括总装图、部件装配图、零件图、物料清单等，直至项目结束，必须保证图样的完整性、整洁性、过程信息记录的完整性。零件尺寸记录不清楚时，应当测量配合面的尺寸后再安装；②作业场所，零件摆放、部件装配必须在规定场所内进行，整机摆放与装配的场地必须规划清晰，直至整个项目结束，所有作业场所必须保持整齐、规范、有序；③装配物料，作业前，按照装配流程规定的装配物料必须按时到位，如果有部分非决定性材料未到位，可以改变作业顺序，然后填写材料单进行采购；④装配前应了解设备的结构、装配技术和工艺说明。

工业机器人电气安装所需的相关零部件、工具和耗材见表 6-1。

表 6-1　机器人电气安装相关零部件、工具和耗材清单

序号	零部件名称	单位	数量	是否齐全
1	伺服驱动器	个	10	
2	IPC 控制器及配件	套	2	
3	手操器及其配件	套	2	
4	总线式 I/O 单元 6 槽底板	个	2	
5	总线式 I/O 单元 NCUC 通信模块	个	2	
6	总线式 I/O 单元 NPN 输出模块	个	4	
7	总线式 I/O 单元 NPN 输入模块	个	4	
8	干式隔离变压器	个	2	
9	开关电源	个	4	
10	数控装置电源电缆 0.6 m	根	2	
11	总线电缆 0.4 m	根	10	
12	总线电缆 1 m	根	4	
13	J1/J2 轴电动机编码线	根	8	
14	J3/J4 轴电动机编码线	根	8	
15	J5/J6 轴电动机编码线	根	2	
16	电动机抱闸线	根	8	
17	高柔性电动机动力线	m	60	
18	信号线	m	30	
19	电气控制柜	个	1	
20	电气控制柜风扇	套	2	
21	风机网罩	套	4	
22	柜内灯	套	2	

（续）

序号	零部件名称	单位	数量	是否齐全
23	柜门内开关	套	2	
24	电源指示灯	套	2	
25	红色警示灯	套	2	
26	急停按钮	套	2	
27	面板电源开关	套	2	
28	3P32A 断路器	套	4	
29	三相维修插座	套	2	
30	继电器	套	40	
31	交流接触器	套	2	
32	磁性开关	个	20	
33	单向电磁阀	个	12	
34	双向电磁阀	个	8	
35	电磁气缸	个	20	
36	空气过滤器	个	若干	
37	气动接头	个	若干	
38	信号线接线端子	个	250	
39	电源接线端子	个	8	
40	地线接线端子	个	2	
41	接线端子端板	个	20	
42	接线端子终端固定件	个	20	
43	接线端子标记夹	个	10	
44	接线端子标记条 UZB 5-10 横	条	32	
45	接线端子标记条 UZB 8-10 横	条	10	
46	接线端子固定式桥接件	m	15	
47	线槽	m	8	
48	标准导轨	m	4	
49	耐磨编织管	个	4	
50	波纹管接头	m	20	
51	防水尼龙软管	个	4	
52	线缆固定头 PF -21 K	个	4	
53	线缆固定头 PF -33	包	2	
54	扎带 / GT-150M	包	2	
55	扎带 / GT-250M	包	2	
56	扎带 / GT-350M	m	1	
57	G11 自由绝缘保护套	包	4	

（续）

序号	零部件名称	单位	数量	是否齐全
58	黏块	m	4	
59	缠绕管	包	2	
60	冷压端子（橙）	包	6	
61	冷压端子（蓝）	包	4	
62	冷压端子（红）	包	4	
63	冷压端子（黑）	包	2	
64	Y 形开口压接端子 V1.25-S3Y	包	2	
65	Y 形开口压接端子 V1.25-4Y	包	2	
66	Y 形开口压接端子 V2-4Y	包	2	
67	对接压接端子	m	200	
68	线缆 − 0.75 / 黑	m	100	
69	线缆 − 0.5 / 黑	m	26	
70	动力电缆 4 mm² （黑）	m	50	
71	动力电缆 2.5 mm² （黑）	m	50	
72	动力电缆 1.5 mm² （黑）	m	50	
73	电气控制柜与本体连接动力电缆	m	50	
74	继电器端子用线	m	100	
75	工业水晶头	个	4	
76	号码管 ϕ1 mm	卷	2	
77	号码管 ϕ1.5 mm	卷	2	
78	标签纸	卷	2	

序号	工具名称	规格型号	是否齐全
1	十字、一字槽螺钉旋具	1 套	
2	剥线钳		
3	斜口钳		
4	万用表		
5	内六角扳手	1 套	
6	呆扳手	1 套	

序号	耗材名称	规格型号	是否齐全
1	螺纹紧固剂	乐泰 241	

任务实施

1. 控制柜的安装

控制柜内部主要分为 J1 ～ J6 轴控制器、I/O 控制模块、接触器等。安装时，需要依据从上到下、从里往外的顺序进行安装。

（1）机器人 J1～J6 轴控制器安装

1）安装 J6 轴控制器。

①通过对角固定法安装螺钉固定 J6 轴控制器，见图 6-1；②连接 J6 轴控制器电源线，见图 6-2；③连接制动电阻线，引出线与机器人本体线路相连，见图 6-2；④R 处接线端与电源线并联，见图 6-2；⑤T 处接线端与电源线并联，见图 6-2；⑥连接与 J6 轴电动机编码线相连的线路，见图 6-2。

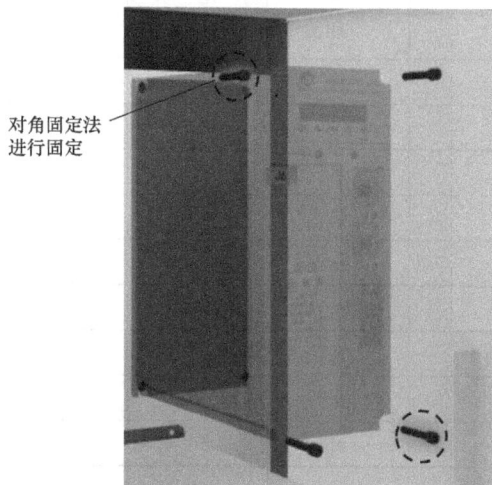

图 6-1　固定 J6 轴控制器

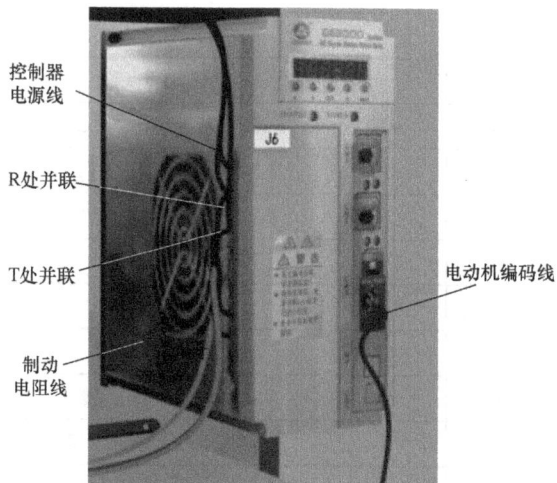

图 6-2　J6 轴控制器接线

2）安装 J5 轴控制器，见图 6-3。

①连接 J5 轴控制器电源线，直接从 J6 轴控制器电源接口端引出电源线；②连接制动电阻线，引出线与机器人本体线路相连；③连接 J5 轴 R 端接线，从 J6 轴 R 接线端引出线路；④连接 J5 轴 T 端接线，从 J6 轴 T 接线端引出线路；⑤连接与 J5 轴电动机编码线相连的线路。

图 6-3　J5 轴控制器接线

3）安装 J1～J4 控制器。以相同的方法安装 J1～J4 控制器。需注意接线时要手动试拽电线，确保无虚接处。安装好的控制器排布见图 6-4。

（2）安装 I/O 控制模块

① 将 I/O 控制模块通过螺钉固定在机箱上；②接着连接模块通信线；③连接由 I/O 模块引出的到控制器 CN1、CN2 端口的网线；④各控制器之间与输出接口串联接线，并与伺服驱动器构成以太网传输闭环网络。各端口名称见图 6-5。

图 6-4　控制器排布

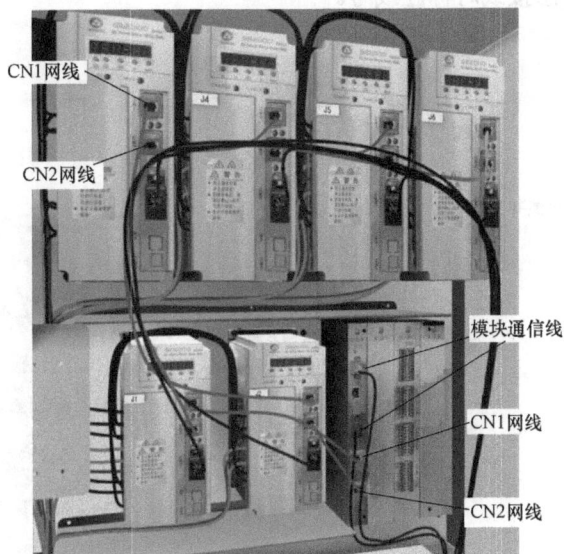

图 6-5　各端口名称

（3）安装其他控制模块

1）安装接触器。接触器用于控制 6 轴控制器得失电。①通过螺钉将接触器固定；②将接触器下口与控制器的电源线相连接，见图 6-6；③将接触器的辅助触点与控制器 R、T 端相连接，见图 6-6。

2）安装断路器。断路器为控制柜内辅助电源开关。①通过螺钉将断路器固定；②将断路器与接触器的线路连接，见图 6-7；③然后安装开关上口接线，见图 6-7。

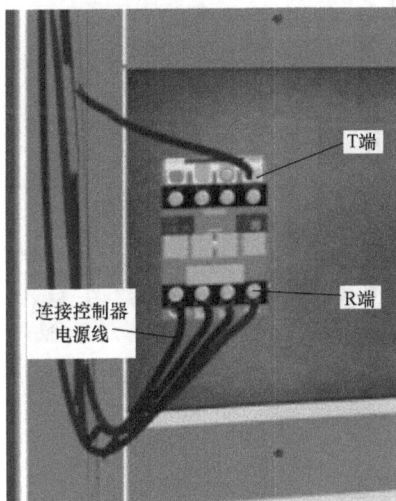

图 6-6　安装接触器

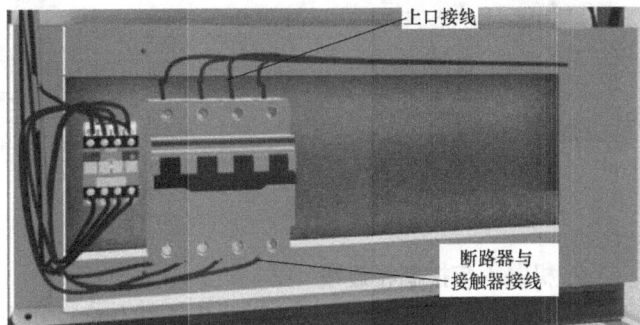

图 6-7　安装断路器

3）安装控制柜电源开关。电源开关是伺服驱动单元及示教器的控制开关。①通过螺钉将电源开关固定；②将电源开关线接好，见图6-8。

4）安装接线柱。接线柱是用于连接电动机电源线，编码线路与控制器之间的导线。当接好一根控制器线路时，应将对应的电动机线接好，避免接错，见图6-9。依次接好其他线路，注意接线时标注线号。

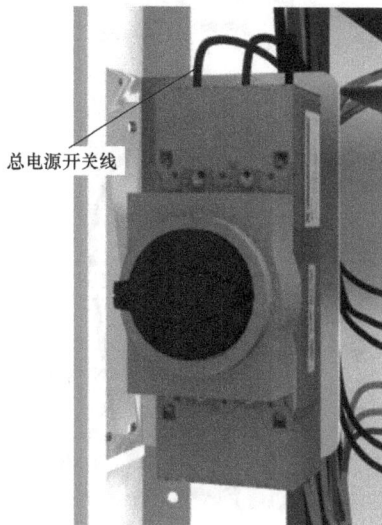

图6-8　安装控制柜电源开关

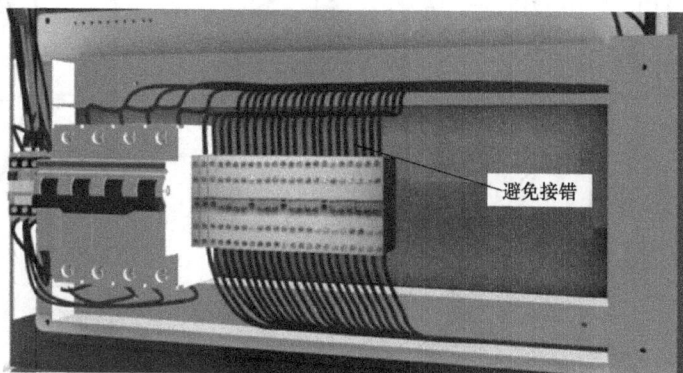

图6-9　安装接线柱

5）安装继电器。继电器通过对应输入信号控制接触器。按顺序分别安装继电器KA1～KA8，并分别完成接线，接线时注意走线整齐有序，见图6-10。

6）安装线槽盖。电气控制柜内部电气安装完毕，将线槽盖盖好，并将柜内整理干净，关闭柜门，见图6-11。

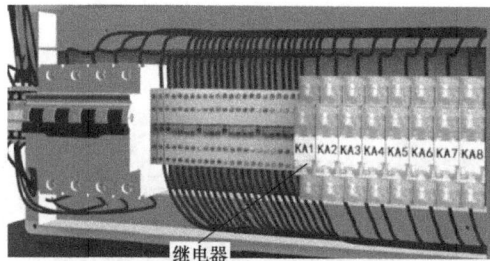

图6-10　安装继电器

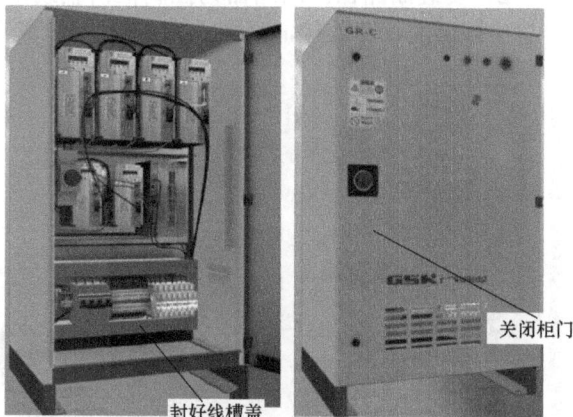

图6-11　安装线槽盖

2. 机器人与控制柜连线

电气控制柜与机器人通过电动机电源线和电动机编码线相连。

（1）机器人主电源线与主电动机编码线连接　机器人主电源与主电动机编码线接口位置位于机器人底座尾部，分别为两个卡爪接口，见图6-12。主电源线与主电动机编码线的连接方法一致，连接前先打开卡爪，见图 6-13，然后将线插入接口，卡紧后再放下卡爪即可，见图 6-14。

（2）机器人 J1～J6 轴电动机电源线及编码线连接　机器人 J1～J6 轴电动机分布见图 6-15，各接口的位置见图 6-16。机器人 J1～J6 轴电动机电源线及编码线的接口为即插型接口，接线时需将线路布置在走线管道内，注意底座内和大臂上的线缆都套上弹簧管（即走线管）做保护，见图 6-17。

工艺说明：当机器人运动时，转盘和大臂的运动会引起线缆较大范围甩动，为了保护线缆表面不与机械部件接触，用弹簧管保护线缆外表面。

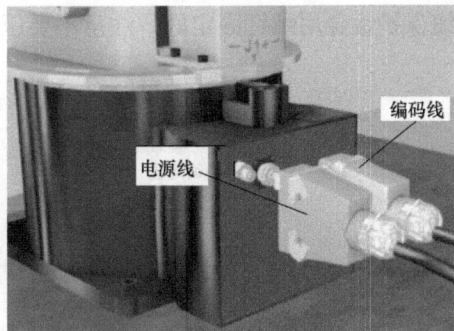
图 6-12　电源线与编码线卡爪接口

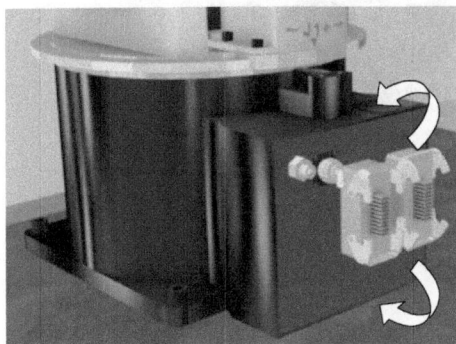
图 6-13　打开卡爪

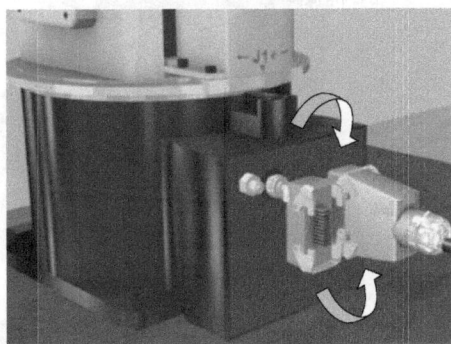
图 6-14　放下卡爪

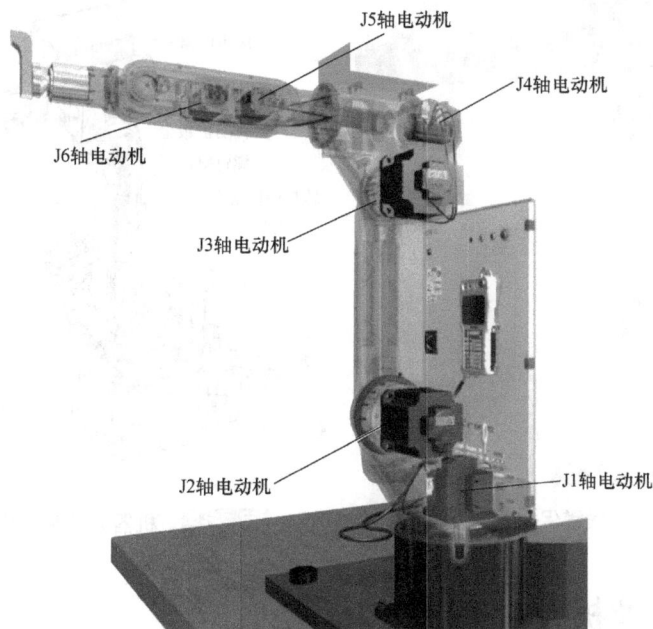
图 6-15　J1～J6 轴电动机分布

3. 钣金装配

依次把接线电箱、箱体钣金、大臂防护钣金、转盘保护钣金和小臂盖子等机器人外观和线缆保护钣金用螺钉固定好，注意不要压到线缆，各钣金的位置见图6-18。

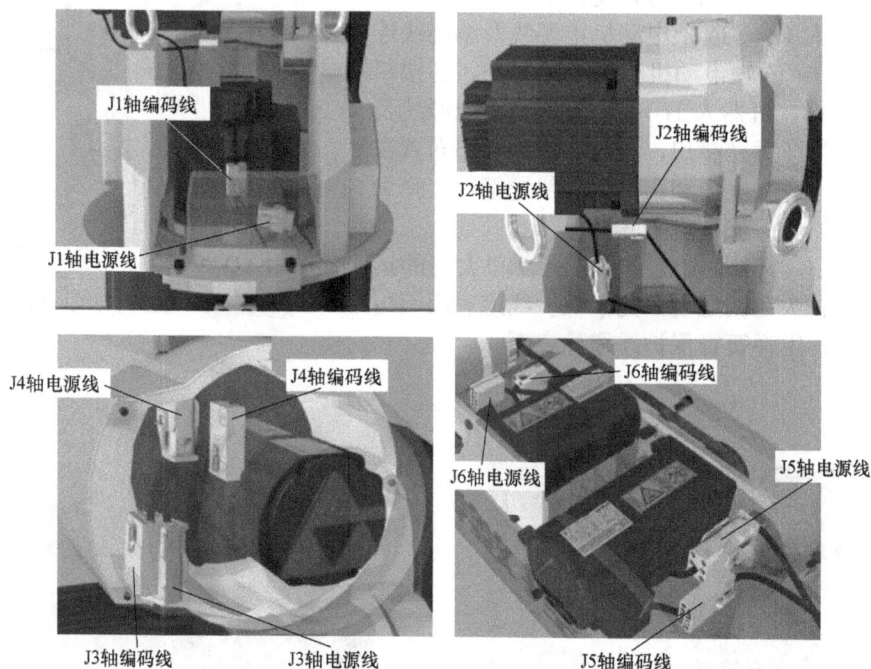

J1轴编码线
J1轴电源线
J2轴编码线
J2轴电源线
J4轴电源线
J4轴编码线
J6轴编码线
J6轴电源线
J5轴电源线
J3轴编码线
J3轴电源线
J5轴编码线

图 6-16　各接口位置

弹簧管

图 6-17　线缆保护

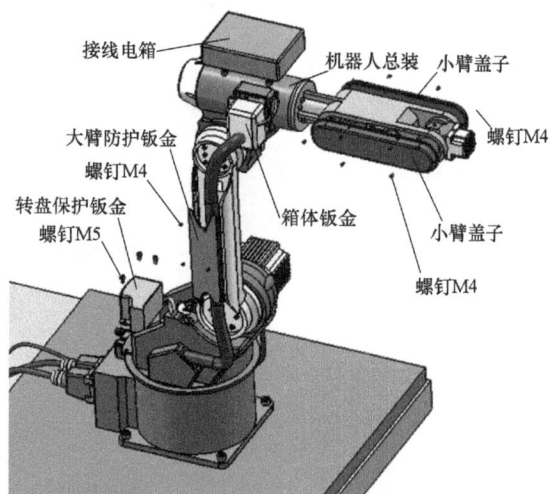

接线电箱
机器人总装
小臂盖子
螺钉M4
大臂防护钣金
螺钉M4
转盘保护钣金
螺钉M5
箱体钣金
小臂盖子
螺钉M4

图 6-18　机器人外观和线缆保护钣金位置

任务2　掌握工业机器人的电气调试

任务描述

工业机器人的电气调试内容主要包括：控制柜和机器人电动机调试。电气调试的目的是检测机器人电气安装后能否达到预期的工作状态。学生应熟悉工业机器人电气调试的主要内容和步骤并能熟练操作。本任务的逻辑结构如下：

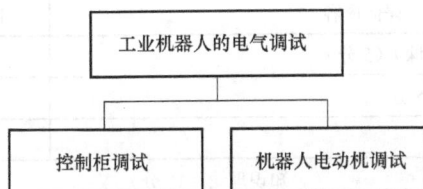

```
        工业机器人的电气调试
        ┌───────┴───────┐
    控制柜调试        机器人电动机调试
```

任务实施

1. 控制柜调试

1）打开机器人控制柜门。

2）手动开启总电源，对控制柜下部分断路器送电。当控制柜指示灯亮时，控制器接线无异常，见图6-19。

3）使用万用表，对电源开关电压进行测试。主电源电压应为380V，辅电源开关电压应为220V，见图6-19。如有断相，应及时检查电缆线或断路器是否损坏。

4）检查完毕后需要将主电源断电，关闭柜门并锁好。

2. 机器人电动机调试

1）检查所有电源线与电动机编码线走线是否合理，所有走线需通过接线管。

2）检查所有线路是否连接到位，不应出现漏接或连接错误等情况。

3）控制柜上电，使用示教器使机器人各轴动作，检查运行是否正常。

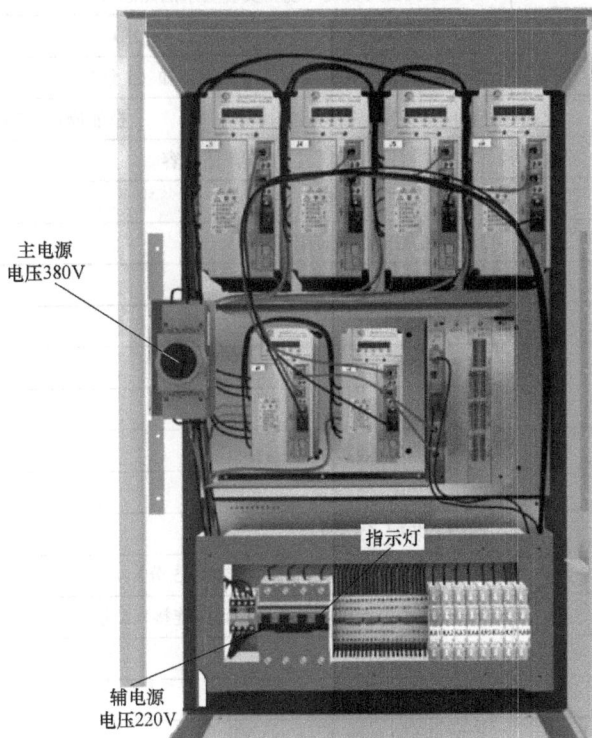

主电源 电压380V

指示灯

辅电源 电压220V

图6-19 控制柜调试

项目小结

这里以广州数控设备有限公司生产的RH 08型工业机器人为案例，详细介绍了工业机器人的电气安装，包括安装所需零部件、工具和耗材的准备，电气安装次序（J1～J6轴控制器→I/O控制模块→接触器→断路器→电源开关→接线柱→继电器→线槽盖→主电源线与主电动机编码线→J1～J6轴电动机电源线与编码线→钣金装配）和安装步骤。

工业机器人的电气调试内容主要包括：控制柜和机器人电动机调试。电气调试的目的是为了检测机器人电气安装后能否达到预期的工作状态。

检查评议

请各小组对本项目的完成情况进行评估，检查评议要点见表6-2。

表 6-2　检查评议要点

基本素养（15 分）				
序号	评估内容	自评	互评	师评
1	纪律（无迟到、早退、旷课）（5 分）			
2	参与度、团队协作能力（5 分）			
3	安全规范操作（5 分）			
知识理论（15 分）				
序号	评估内容	自评	互评	师评
1	对工业机器人安装环境和安装要求的熟悉（5 分）			
2	对工业机器人安装安全事项的熟悉（5 分）			
3	对 RH 08 型工业机器人电路图的认知（5 分）			
技能操作（70 分）				
序号	评估内容	自评	互评	师评
1	零部件、工具和耗材（5 分）			
2	J1 ~ J6 轴控制器装配（5 分）			
3	I/O 控制模块装配（5 分）			
4	接触器装配（5 分）			
5	断路器装配（5 分）			
6	电源开关装配（5 分）			
7	接线柱装配（5 分）			
8	继电器装配（5 分）			
9	线槽盖装配（5 分）			
10	主电源线与主电动机编码线连接（5 分）			
11	J1 ~ J6 轴电动机电源线与编码线连接（5 分）			
12	钣金装配（5 分）			
13	控制柜调试（5 分）			
14	机器人电动机调试（5 分）			
综合评价				

巩固与提高

填空题

1）控制柜与机器人通过＿＿＿＿＿线和＿＿＿＿＿线所相连。

2）使用万用表对控制柜进行调试时，主电源电压示数应为＿＿＿＿＿＿，辅电源电压示数应为＿＿＿＿＿。

Chapter 7

项目 7

工业机器人的安全使用

学习目标

1）熟悉工业机器人的各个危险源。

2）熟悉工业机器人的安全设备及其使用注意事项。

3）掌握工业机器人的安全使用规范，包括运行检验和编程操作。

任务 1　熟悉工业机器人的危险源

任务描述

工业机器人潜在的危险源可能来自设备方面、设备的构建、安装以及相互关系方面。学生应熟悉工业机器人潜在的危险源，并在日常使用和维护保养时有所侧重。本任务的逻辑结构如下：

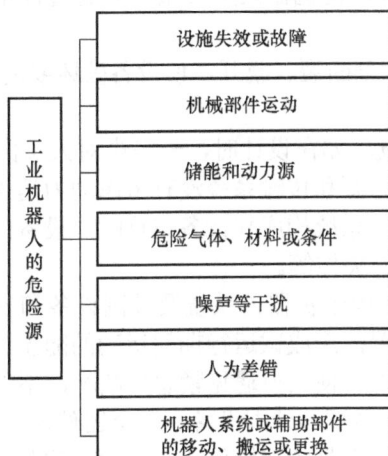

```
                    ┌─────────────────────┐
                    │   设施失效或故障      │
                    └─────────────────────┘
                    ┌─────────────────────┐
                    │   机械部件运动        │
                    └─────────────────────┘
 工  ┌──           ┌─────────────────────┐
 业                 │   储能和动力源        │
 机                 └─────────────────────┘
 器                 ┌─────────────────────┐
 人                 │ 危险气体、材料或条件   │
 的                 └─────────────────────┘
 危                 ┌─────────────────────┐
 险                 │   噪声等干扰          │
 源                 └─────────────────────┘
                    ┌─────────────────────┐
                    │   人为差错            │
                    └─────────────────────┘
                    ┌─────────────────────┐
                    │ 机器人系统或辅助部件   │
                    │ 的移动、搬运或更换     │
                    └─────────────────────┘
```

相关知识

工业机器人潜在的危险源举例如下：

1）设备方面：机器人，安全防护设施，外围设备。

2）设备的构建和安装：设备之间的端点，安装的稳定性，定位的位置。

3）相互关系方面：机器人系统本身，机器人系统与其他相关设备之间，人与机器人系统相互交叉干涉而形成的危险。

1. 设施失效或产生故障引起的危险

1）安全保护设施的移动或拆卸，如隔栏、现场传感装置、光幕等的移动或拆卸而造成的危险；控制电路、器件或部件的拆卸而造成的危险。

2）动力源或配电系统失效或故障，如掉电、短路、断路等。

3）控制电路、装置或元器件失效或发生故障。

2. 机械部件运动引起的危险

1）机器人部件运动，如大臂回转、俯仰，小臂弯曲，手腕旋转等引起的挤压、撞击和夹住，以及夹住工件的脱落、抛射。

2）与机器人系统的其他部件或工作区内其他设备相连部件运动引起的挤压、撞击和夹住；工作台上夹具所夹持工件的脱落、抛射形成刺伤、扎伤；末端执行器如喷枪、高压水切割枪的喷射，焊炬焊接时熔渣的飞溅等。

3. 储能和动力源引起的危险

1）在机器人系统或外围设备的运动部件中弹性元件能量的积累引起元件损坏而形成的危险。

2）在电力传输或流体的动力部件中形成的危险，如触电、静电、短路，液体或气体压力超过额定值而使运动部件加速、减速形成意外伤害。

4. 危险气体、材料或条件引起的危险

1）易燃、易爆环境，如机器人用于喷漆、炸药搬运。

2）腐蚀或侵蚀，如接触各类酸、碱等腐蚀性液体。

3）放射性环境，如在辐射环境中应用机器人进行各种作业，采用激光工具进行切割作业。

4）极高温或极低温环境，如在高温炉边进行搬运作业，由热辐射引起燃烧或烫伤。

5. 由噪声等干扰引起的危险

1）导致听力损伤，对语言通信及听觉信号产生干扰。

2）电磁、静电、射频干扰，使机器人及其系统和周边设备产生误动作，意外起动或控制失效而形成的各种危险运动。

3）振动和冲击，使连接部分断裂、脱开，使设备破坏或造成对人员的伤害。

6. 人为差错引起的危险

1）设计、开发、制造阶段。如在设计时，未考虑对人员的防护；末端夹持器没有足够的夹持力，夹持件容易滑脱；动力源和传输系统没有考虑动力消失或变化时的应对措施；控制系统没有采取有效的抗干扰措施；系统构成和设备布置时，设备间没有足够的间距；布置不合理等形成潜在的、无意识的起动、失控等。

2）安装和试运行阶段。如由于机器人系统及外围设备和安全装置安装不到位、不牢固或未安装过渡阶段的临时防护装置，形成试运行期间运动的随意性，造成对调试和示教人员的伤害；通道太窄，照明达不到要求，使人员遇见紧急事故时，不能安全迅速撤离而受到伤害。

3）功能测试阶段。机器人系统、外围设备、安全器件及防护装置，在安装到位和可靠后，要进行各项功能的测试，但由于人员的误操作或未及时检测各项安全及防护功能而使设备及系统在工作时发生故障和失效，从而对操作、编程和维修人员造成伤害。

4）应用和使用阶段。未按制造厂商的使用说明书进行应用和使用，造成对人员或设备的损伤。

5）编程和程序验证阶段。当要求示教人员和程序验证人员在安全防护空间内进行工作时，要按照制造厂商提供的操作说明书进行，但由于示教或验证人员的疏忽而造成误动作、误操作；安全防护空间内进入其他人员时，起动机器人运动而引起对人员的伤害；按规定应采用低速示教，由于疏忽而采用高速造成对人员的伤害，特别是系统中有多台机器人时，在安全防护

区内有数人进行示教和程序校验而造成对其他设备和人员的伤害。

6）组装阶段。这是应用和使用中产生危险的一种潜在因素，一般是由误操作或由工人与机器人系统相互干涉、人为差错造成的对设备和人员的伤害，如人工上、下料与机器人作业节拍不协调等。

7）故障查找和维护阶段。未按操作规程进行操作而产生对设备和人员的伤害。

8）安全操作规程内容不齐全，条款不具体，未规定对各类人员的培训等而产生的潜在危险。

7. 机器人系统或辅助部件的移动、搬运或更换产生的潜在危险

由于机器人用途的变更、作业对象的变换或机器人系统及其外围设备发生故障，经过修复、更换部件而使整个系统或部件重新设置、连接、安装等形成的对设备和人员伤害的潜在危险。

任务2　熟悉工业机器人的安全设备

任务描述

安全设备是保护人身安全和机器人安全的外部条件，安全设备的设置必须符合国家相关安全标准。学生应熟悉工业机器人中常见安全设备的使用。本任务的逻辑结构如下：

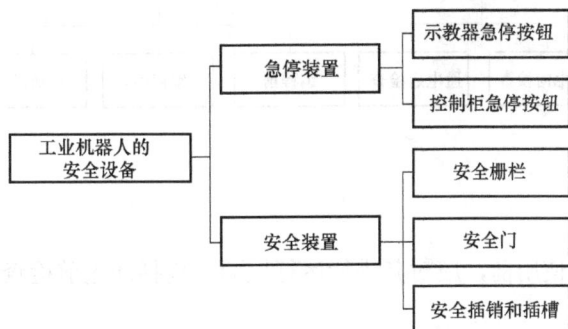

```
                            ┌─── 急停装置 ──┬── 示教器急停按钮
工业机器人的                │               └── 控制柜急停按钮
安全设备 ───────────────────┤
                            │               ┌── 安全栅栏
                            └─── 安全装置 ──┼── 安全门
                                            └── 安全插销和插槽
```

相关知识

1. 急停装置

（1）示教器急停按钮　按下示教器上的急停按钮，此时电动机电源未被切断，但机器人立刻停止；松开急停按钮后，机器人恢复再现操作。

（2）控制柜急停按钮　按下控制柜上的急停按钮，此时电动机电源被切断，机器人立刻停止；将控制柜上的急停按钮向右旋转，然后按下控制柜上的电源开关键接通伺服电源，之后重启机器人才可重新进行再现操作。

2. 安全装置

（1）安全栅栏

①栅栏必须能够抵挡可预见的操作及冲击；②栅栏不能有尖锐的边沿和凸出物，并且它本身不是引起危险的根源；③栅栏防止人们通过打开互锁设备以外的其他方式进入机器人的保护区域内（即非安全区域）；④栅栏是永久固定在一个地方的，只有借助工具才能使其移动；⑤栅栏要尽可能地不妨碍生产过程；⑥栅栏应该安置在距离机器人最大运动范围有足够距离的地方，⑦栅栏要接地以防止发生意外的触电事故。

（2）安全门、安全插销和插槽

①除非安全门关闭，否则机器人不能自动运行；②安全门关闭前，不能重新起动机器人再

现运行；③安全门利用安全插销和插槽来固定，必须选择合适尺寸；④安全门必须在危险发生前一直保持关闭状态（带保护闸的防护装置）或者是在机器人运行时打开安全门就能发送停止或急停命令（互锁防护装置）。

任务3　掌握工业机器人的安全使用规范

任务描述

为了人身安全和机器人安全，在工业机器人投入使用前和使用过程中，应严格遵守安全使用规范。学生应掌握工业机器人的安全使用规范并在应用过程中严格执行。本任务的逻辑结构如下：

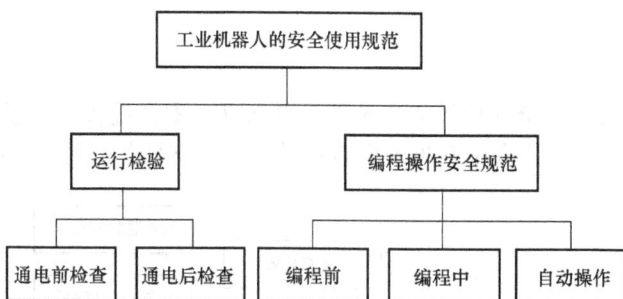

相关知识

1. 运行检验

在工业机器人投入使用前，应对其进行运行检验，包括通电前检查和通电后检查。

（1）通电前检查

①机器人已按说明书正确安装，且稳定性良好；②电气连接正确，电源参数（如电压、频率、抗干扰级别等）在规定范围内；③其他设施连接正确，且符合相关规定；④通信正常；⑤外围设备和系统连接正确；⑥已安装好限定空间的限位装置；⑦已采用安全防护措施；⑧周边的环境符合规定（如照明、噪声等级、湿度、温度和大气污染等）。

（2）通电后检查

①机器人系统控制装置的功能如起动、停机、操作方式选择（包括键控锁定开关）符合预定要求，机器人能按预定的操作系统命令运动；②机器人各轴都能在预期的限定范围内运动；③急停及安全停机电路及装置有效；④可与外部电源断开和隔离；⑤示教装置功能正常；⑥安全防护装置和连锁功能正常，其他安全防护装置（如栅栏、警示装置）就位；⑦在"慢速"时，机器人能正常运行，并具有作业能力；⑧在自动（正常）操作方式下，机器人运行正常，且具有在额定负载和要求的速度下完成预定作业的能力。

2. 编程操作安全规范

（1）编程前

1）用户必须确保示教人员按照相关要求进行培训，并在实际的机器人系统中进行训练，从而熟悉包括所有安全防护措施在内的所推荐的编程步骤。

2）示教人员应目检机器人系统和安全防护空间，确保不存在产生危险的外在条件。应对示教器的运动控制和急停控制进行功能测试，以保证正常操作。示教操作开始前，应排除故障和失效。编程前，应关断机器人驱动器不需要的动力（必需的平衡装置应保持有效）。

3）示教人员进入安全防护空间前，所有的安全防护装置应确保到位，且在预期的示教方式下能发挥作用。进入安全防护空间前，应要求示教人员进行编程操作，但应禁止自动操作。

（2）编程中

①示教期间仅允许示教编程人员在防护空间内；②示教人员应使用有单独控制机器人运动功能的示教器；③示教期间，机器人运动只能受示教器控制。机器人不应响应来自其他地方的遥控命令；④示教人员应具有单独控制在安全防护空间内的其他设备的运动控制权，且这些设备的控制应与机器人的控制分开；⑤若在安全防护空间内有多台机器人，而栅栏的联锁门开启或现场传感装置失去作用时，所有的机器人都应禁止进行自动操作；⑥机器人系统中所有急停装置都应保持有效；⑦示教时，机器人的运动速度应低于 250mm/s，具体的速度选择应考虑万一发生危险，示教人员有足够的时间脱离危险或停止机器人的运动。

（3）自动操作 在起动机器人系统进行自动操作前，示教人员应将暂停使用的安全防护装置功能恢复。仅在满足下列要求时，才能起动机器人进行自动操作。

①预期的安全防护装置都在位，并且能起作用；②在安全防护空间内没有人；③遵守安全操作规程。

项目小结

工业机器人潜在的危险源可能来自设备方面、设备的构建、安装以及相互关系方面。日常使用中应对这些潜在的危险源着重关注，包括设施失效或产生故障，机械部件运动，储能和动力源，危险气体、材料或条件，噪声干扰，人为差错等引起的危险，以及机器人系统或辅助部件的移动、搬运或更换产生的潜在危险。

安全设备是保护人身安全和机器人安全的外部条件，安全设备的设置必须符合国家相关安全标准。安全装置包括急停装置（示教器急停按钮、控制柜急停按钮）、安全装置（安全栅栏、安全门、安全插销和插槽）等。

在工业机器人投入使用前，应对其进行运行检验，包括通电前检查和通电后检查。编程操作的安全规范分为编程前、编程中和自动操作时。

检查评议

请各小组对本项目的完成情况进行评估，检查评议要点见表 7-1。

表 7-1 检查评议要点

基本素养（20分）				
序号	评估内容	自评	互评	师评
1	纪律（无迟到、早退、旷课）（5分）			
2	参与度、团队协作能力（5分）			
3	安全规范操作（10分）			
知识理论（80分）				
序号	评估内容	自评	互评	师评
1	对工业机器人危险源的认知（20分）			
2	对工业机器人安全设备使用要求的掌握（20分）			
3	对工业机器人运行检验过程中安全规范的掌握（20分）			
4	对工业机器人编程操作过程中安全规范的掌握（20分）			
综合评价				

巩固与提高

思考题

1）分别从设备方面、设备的构建、安装以及相互关系方面列举工业机器人潜在的危险源。

2）简要介绍安全栅栏、安全门、安全插销和插槽的使用要求。

3）简要介绍工业机器人在运行检测时需进行的通电前检查和通电后检查内容。

4）简要介绍在编程前、编程中和自动操作过程中应注意的安全操作规范。

Chapter 8

项目 8

工业机器人的维护保养

学习目标

1）看懂工业机器人检修项目一览表。
2）熟练补充和更换各个机械臂中的油脂。
3）掌握电气系统维护保养的项目和步骤。
4）掌握常见零部件的更换步骤。

任务 1　熟悉工业机器人的维护间隔及维护项目

任务描述

　　正确的维护作业，不仅能使机器人经久耐用，对防止故障及确保安全也是必不可少的。以广州数控设备有限公司生产的 RH 08 型工业机器人为例，介绍工业机器人的维护间隔及维护项目。学生应能看懂工业机器人检修项目一览表并严格执行。

相关知识

　　工业机器人维护各阶段的检修项目见表 8-2。表 8-2 将检修人员分为专业人员、有资格者、制造公司人员三类，按不同检修作业的要求指定不同资质的人员进行各项检修作业。
　　工业机器人各部位使用的油脂型号见表 8-1。

表 8-1　工业机器人各部位使用的油脂型号

作业序号	使用油脂	检修部位
12	00 号锂基极压润滑脂	J1 ～ J3 轴减速器
13、14	1 号锂基极压润滑脂	J4 ～ J6 轴减速器 J6 轴齿轮
15	00 号锂基极压润滑脂	J4 轴十字交叉 滚子轴承

表 8-2　工业机器人的检修项目一览表

作业序号	检修部位	日常	间隔1000h	间隔5000h	间隔10000h	间隔20000h	间隔30000h	检修方法	检修处理内容	专业人员	有资格者	制造公司人员
1	原点标记	○						目测	检查与原点姿态的标记是否一致、有无污迹、损伤	○	○	○
2	外部导线	○						目测	检查有无污迹、损伤	○	○	○
3	整体外观	○						目测	清扫灰尘、金属屑，检查各部分有无电裂、损伤	○	○	○
4	J1～J3轴电动机	○						目测	检查有无漏油	○	○	○
5	底座螺栓		○					扳手	检查有无缺失、松动、补缺、拧紧	○	○	○
6	盖类螺栓		○					螺钉旋具及扳手	检查有无缺失、松动、补缺、拧紧	○	○	○
7	底座插座		○					手触	检查有无松动、插紧	○	○	○
8	J5、J6轴同步带			○				手触	检查同步带张紧力及磨损程度			○
9	机内导线（J1～J6轴导线）				○	○		目测及万用表	检测底座的主插座与中间插座的导通情况（确认时用手摇动导线），检查保护弹簧的磨损程度；更换	○	○	○
10	机内导线（J5、J6轴导线）			○		○		目测、万用表	端子间的导通试验，检查保护弹簧的磨损程度；更换		○	○
11	机内电池组				○				RC-B 显示电池报警或使用 10000h 时更换电池		○	○
12	J1～J3轴减速器			○	○			油枪	检查有无异常（异常时更换）；补油（间隔 5000h）；换油（间隔 10000h）		○	○
13	J4～J6轴减速器			○				油枪	检查有无异常（异常时更换）；补油（间隔 5000h）			○
14	J6轴齿轮			○				油枪	检查有无异常（异常时更换）；补油（间隔 5000h）		○	○
15	J4轴十字叉滚子轴承			○				油枪	检查有无异常（异常时更换）；补油（间隔 5000h）		○	○
16	大修						○					○

任务 2 掌握工业机器人机械结构的维护保养

任务描述

机器人机械结构的维护保养主要是对各个机械臂进行油脂的补充和更换，这里以广州数控设备有限公司生产的 RH 08 型工业机器人为例进行介绍。学生应熟悉各轴油脂的补充和更换步骤并能进行熟练操作。本任务的逻辑结构如下：

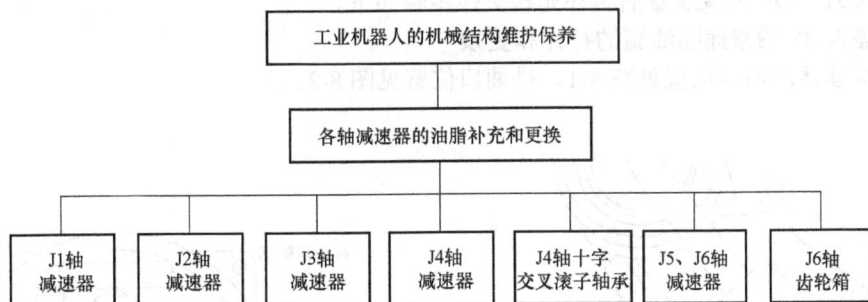

```
工业机器人的机械结构维护保养
        │
   各轴减速器的油脂补充和更换
        │
┌────┬────┬────┬────┬────────┬────┬────┐
J1轴  J2轴  J3轴  J4轴  J4轴十字  J5、J6轴  J6轴
减速器 减速器 减速器 减速器 交叉滚子轴承 减速器  齿轮箱
```

任务准备

工业机器人机械结构维护保养所需工具和耗材见表 8-3。

表 8-3 工业机器人机械结构维护保养所需工具和耗材

序号	工具名称	规格型号	是否齐全
1	十字、一字槽螺钉旋具	1套	
2	内六角扳手	1套	
3	呆扳手	1套	
4	扭力扳手	1套	
5	油泵		
6	油枪		
序号	耗材名称	规格型号	是否齐全
1	工业擦拭纸	310mm×345mm	
2	生胶带		
3	抹布		
4	润滑脂	RE N0.00	
5	螺纹紧固剂	乐泰 241	

任务实施

错误操作会引起电动机和减速器的故障。油脂补充和更换时应注意以下事项：

1）注油时如果没有取下排油口螺塞/螺钉，油脂会进入电动机或减速器的油封会脱落，从而引起电动机故障。因此，注油时一定要取下排油口螺塞。

2）不要在排油口安装连接件、油管等，会引起油封脱落，造成电动机故障。

3）使用专用油泵注油。设定油泵压力在 0.3MPa 以下，注油速度在 8g/s 以下。

4）一定要在注油前向注油侧的管内填充油脂，防止空气进入减速器内。

机器人 J1 ～ J6 轴减速器油脂补充和更换步骤如下。

1. 机器人 J1 轴减速器油脂的补充和更换

J1 轴减速器注油口位置见图 8-1，排油口位置见图 8-2。

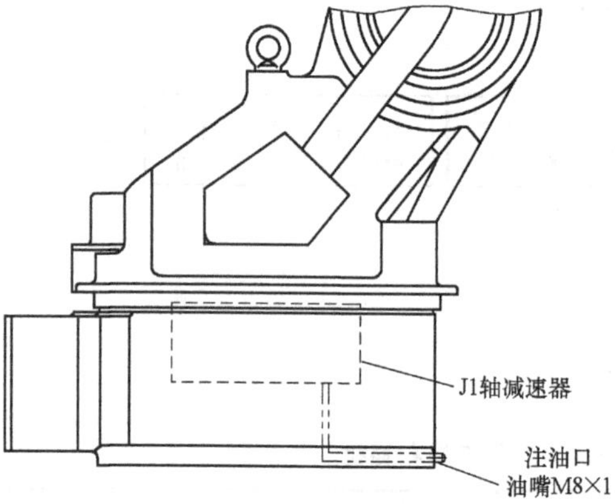

图 8-1 J1 轴减速器注油口位置

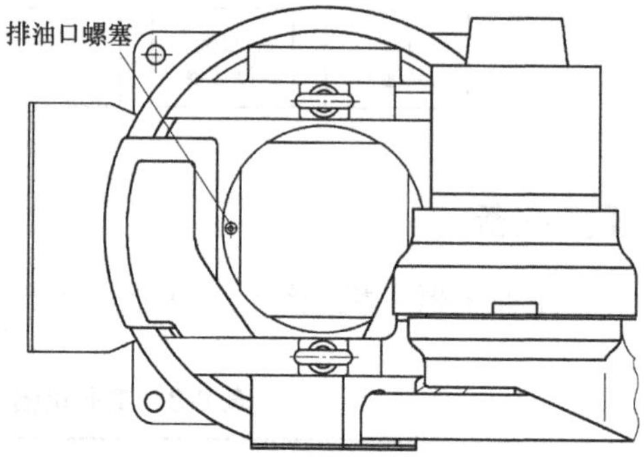

图 8-2 J1 轴减速器排油口位置

（1）补充油脂

①取下排油口螺塞；②用油枪从注油口注油。油脂补充规范见表 8-4；③安装排油口螺塞前，运转 J1 轴几分钟，使多余的油脂从排油口排出；④用抹布擦净从排油口排出的多余油脂，安装螺塞。螺塞的螺纹处要包缠生胶带并用扳手拧紧。

表 8-4 J1 轴减速器油脂补充规范

油脂种类	00 号锂基极压润滑脂
注入量	65mL（第一次需要注入 130mL）
油泵压力	< 0.3MPa
注油速度	< 8g/s

（2）更换油脂

①取下排油口螺塞；②用油枪从注油口注油。油脂更换规范见表 8-5；③从排油口完全排出旧油，当开始排出新油时，说明油脂更换结束（旧油与新油可通过颜色判别）；④安装排油口螺塞前，运转 J1 轴几分钟，使多余的油脂从排油口排出；⑤用抹布擦净从排油口排出的多余油脂，安装螺塞。螺塞的螺纹处要包缠生胶带并用扳手拧紧。

表 8-5　J1 轴减速器油脂更换规范

油脂种类	00 号锂基极压润滑脂
注入量	410mL
油泵压力	< 0.3MPa
注油速度	< 8g/s

2. 机器人 J2 轴减速器油脂的补充和更换

J2 轴减速器注油口位置见图 8-3，排油口位置见图 8-4。

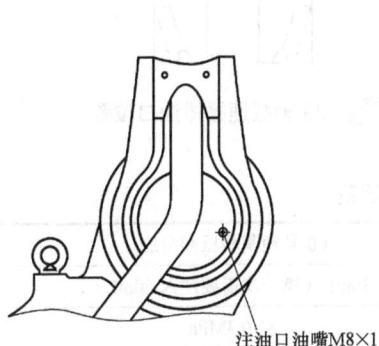

图 8-3　J2 轴减速器注油口位置

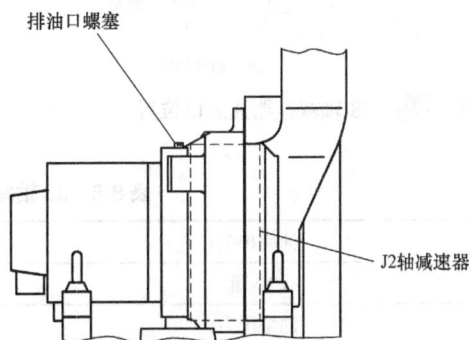

图 8-4　J2 轴减速器排油口位置

（1）补充油脂　使 J2 臂处于垂直于地面的位置，其余步骤参见 J1 轴减速器油脂补充过程。油脂补充规范见表 8-6。

表 8-6　J2 轴减速器油脂补充规范

油脂种类	00 号锂基极压润滑脂
注入量	55mL（第一次需要注入 110mL）
油泵压力	< 0.3MPa
注油速度	< 8g/s

（2）更换油脂　使 J2 臂处于垂直于地面的位置，其余步骤参见 J1 轴减速器油脂更换过程。油脂更换规范见表 8-7。

表 8-7　J2 轴减速器油脂更换规范

油脂种类	00 号锂基极压润滑脂
注入量	360mL
油泵压力	< 0.3MPa
注油速度	< 8g/s

3. 机器人 J3 轴减速器油脂的补充和更换

J3 轴减速器注油口位置见图 8-5，排油口位置见图 8-6。

（1）补充油脂　使机器人小臂处于与地面水平的位置，其余步骤参见 J1 轴减速器油脂补充过程。油脂补充规范见表 8-8。

（2）更换油脂　使机器人小臂处于与地面水平的位置，其余步骤参见 J1 轴减速器油脂更换过程。油脂更换规范见表 8-9。

排油口螺塞

注油口油嘴M6

J3轴减速器

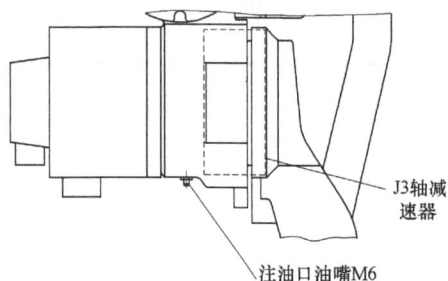

图 8-5　J3 轴减速器注油口位置

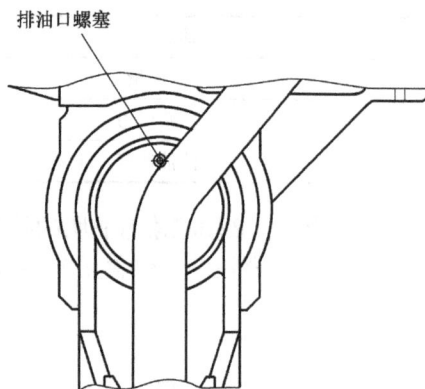

图 8-6　J3 轴减速器排油口位置

表 8-8　J3 轴减速器油脂补充规范

油脂种类	00 号锂基极压润滑脂
注入量	30mL（第一次需要注入 60mL）
油泵压力	＜ 0.3MPa
注油速度	＜ 8g/s

表 8-9　J3 轴减速器油脂更换规范

油脂种类	00 号锂基极压润滑脂
注入量	200mL
油泵压力	＜ 0.3MPa
注油速度	＜ 8g/s

4. 机器人 J4 轴减速器油脂的补充

J4 轴减速器注油口位置见图 8-7。油脂补充规范见表 8-10。油脂补充步骤如下：

①取下注油口的螺塞；②在注油口安装 M6 油嘴；③用油枪从注油口注油，油脂补充规范见表 8-10；④取下油嘴，安装螺塞。螺塞的螺纹处要包缠生胶带并用扳手拧紧。

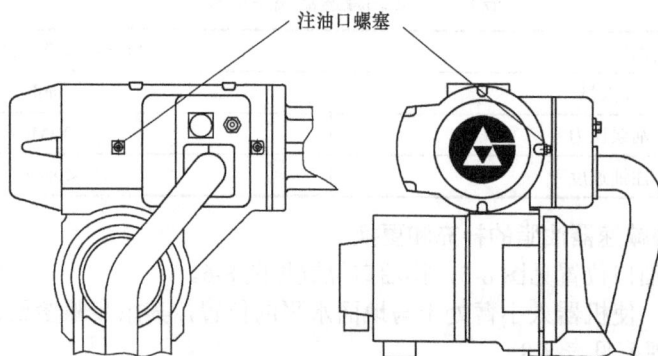

注油口螺塞

图 8-7　J4 轴减速器注油口位置

表 8-10　J4 轴减速器油脂补充规范

油脂种类	1 号锂基极压润滑脂
注入量	10mL（第一次需要注入 20mL）
油泵压力	< 0.3MPa
注油速度	< 8g/s

5. 机器人 J4 轴十字交叉滚子轴承油脂的补充

J4 轴十字交叉滚子轴承注油口位置见图 8-8，油脂补充步骤参见 J4 轴减速器油脂补充过程。油脂补充规范见表 8-11。

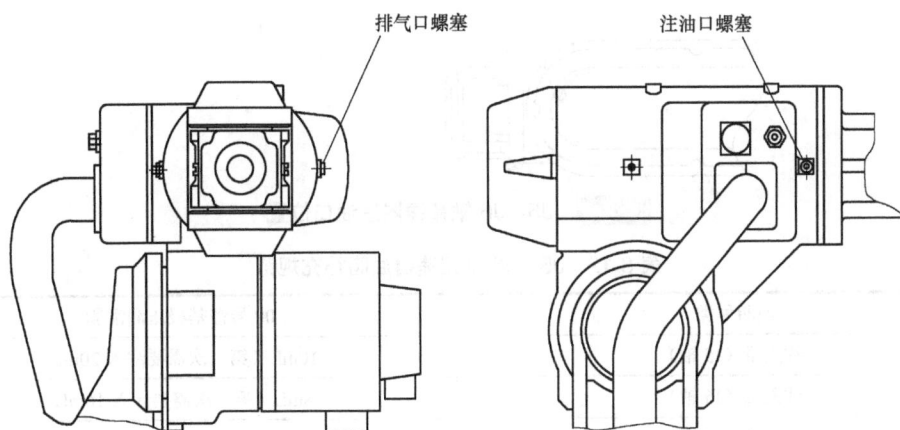

排气口螺塞　　　　注油口螺塞

图 8-8　J4 轴十字交叉滚子轴承注油口位置

表 8-11　J4 轴十字交叉滚子轴承油脂补充规范

油脂种类	00 号锂基极压润滑脂
注入量	3mL（第一次需要注入 6mL）
油泵压力	< 0.3MPa
注油速度	< 8g/s

6. 机器人 J5、J6 轴减速器油脂的补充

J5、J6 轴减速器注油口位置见图 8-9，油脂补充步骤如下。①取下 J5、J6 排气口的螺塞；②取下注油口的螺塞，在注油口安装 M6 油嘴；③用油枪分别从 J5、J6 注油口注油，油脂补充规范见表 8-12；④取下油嘴，安装螺塞。螺塞的螺纹处要包缠生胶带并用扳手拧紧；⑤安装 J5、J6 轴排气口螺塞。螺塞的螺纹处要缠生胶带并用扳手拧紧。

由于 J5、J6 轴电动机及编码器安装在手腕轴前端，为确保在搬运作业时的安全，小臂两边侧盖的接合面已用密封胶密封，开盖后再安装时，请务必重新涂密封胶，小臂侧盖密封部位见图 8-10。

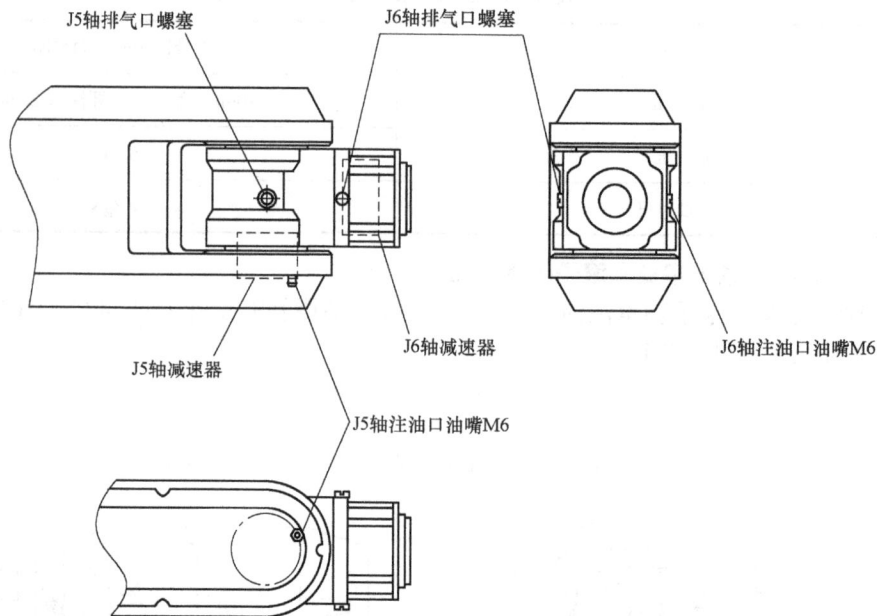

图 8-9　J5、J6 轴减速器注油口位置

表 8-12　J5、J6 轴减速器油脂补充规范

油脂种类	00 号锂基极压润滑脂
注入量（J5 轴）	10mL（第一次需要注入 20mL）
注入量（J6 轴）	8mL（第一次需要注入 16mL）
油泵压力	< 0.3MPa
注油速度	< 8g/s

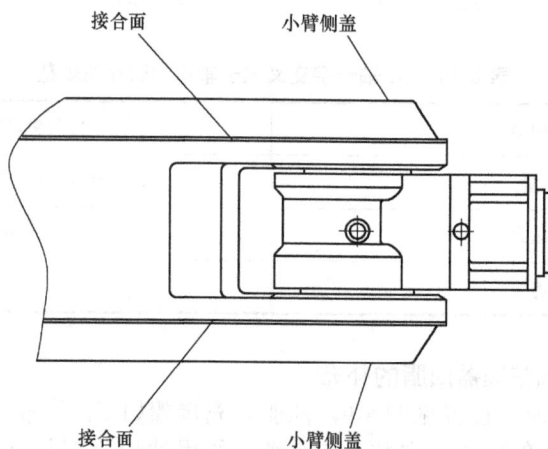

图 8-10　小臂侧盖密封部位

7. 机器人 J6 轴齿轮箱油脂的补充

J6 轴齿轮箱注油口位置见图 8-11。油脂补充步骤如下：

①取下排气口螺塞；②用油枪从齿轮箱注油口注油。油脂补充规范见表 8-13；③安装排气口螺塞。螺塞的螺纹处要包缠生胶带并用扳手拧紧。

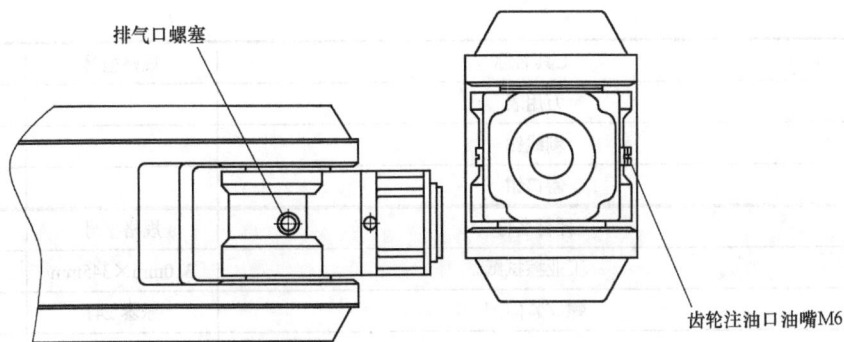

图 8-11　J6 轴齿轮箱注油口位置

表 8-13　J6 轴齿轮箱油脂补充规范

油脂种类	00 号锂基极压润滑脂
注入量	8mL（第一次需要注入 16mL）
油泵压力	＜ 0.3MPa
注油速度	＜ 8g/s

任务 3　掌握工业机器人电气系统的维护保养

任务描述

工业机器人电气系统的维护保养包括控制柜和示教器的维护保养，这里以广州数控设备有限公司生产的 RH 08 型工业机器人为例进行介绍。学生应熟悉电气系统的维护保养步骤并能熟练操作。本任务的逻辑结构如下：

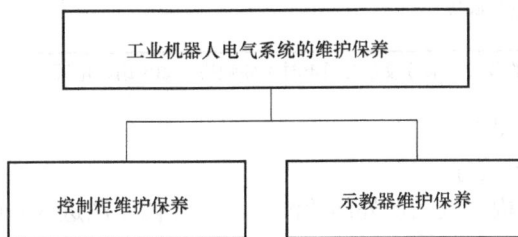

任务准备

工业机器人电气系统维护保养所需的工具和耗材见表 8-14。

表 8-14　工业机器人电气系统维护保养的工具和耗材

序号	工具名称	规格型号	是否齐全
1	十字、一字槽螺钉旋具	1 套	
2	内六角扳手	1 套	
3	呆扳手	1 套	
4	扭力扳手	1 套	

（续）

序号	工具名称	规格型号	是否齐全
5	万用表		
6	剥线钳		
7	斜口钳		

序号	耗材名称	规格型号	是否齐全
1	工业擦拭纸	310mm×345mm	
2	螺纹紧固剂	乐泰241	
3	抹布		

任务实施

1. 控制柜的维护保养

控制柜的维护保养项目见表8-15。

表8-15 控制柜的维护保养项目

维护设备	维护项目	维护间隔时间	是否正常
控制柜	检查控制柜门是否关好	每天	
	检查密封构件部分有无缝隙和损坏	每月	
	检查控制柜内部有无杂物、灰尘、污渍等		
	检查接头是否松动，电缆是否松动或者有破损现象		
柜内风扇以及背面轴流风扇	确认风扇是否转动	3个月	
供电电源电压	万用表测量电压是否正常	每天	
输入电源电压			
断路器			
控制柜急停按钮	动作确认		
示教器急停按钮			

注：为防止人员触电、受伤的危险，部分设备在通电时不要触摸，如风扇、电源电压等。

（1）控制柜身的维护保养

1）检查控制柜门是否关好。

①控制柜是全封闭结构，应确保外部的油、烟、气体无法进入；②确保控制柜门在任何情况下都处于完好关闭状态；③开关控制柜门时，必须使用钥匙；④开关门时先把锁孔保护块向上推开，露出锁孔后用钥匙打开，然后扳起黑色手柄，逆时针方向旋转大约90°，轻拉即打开控制柜门。

2）检查密封构件部分有无缝隙和损坏。

①打开门时，检查门边缘部的密封垫有无破损；②检查控制柜内部是否有异常污垢，如有，待查明原因后，尽快清扫；③在控制柜门关闭状态下，检查有无缝隙。

3）检查柜子里面无杂物、灰尘、污渍等。

（2）风扇的维护保养　风扇是控制柜内部的散热器件，其主要由柜内风扇和背面轴流风扇组成，接通电源即转动。当风扇转动不正常时，控制柜内部温度升高，可能会出现异常故障，所以应检查风扇是否正常转动。使用手掌在排风口和吸风口感觉风扇风量，如风量异常需及时更换。

148

（3）供电电源电压的确认　使用万用表检查断路器上的 1、3、5 端子部位，确认供电电源电压是否正常。具体检查项目见表 8-16。

表 8-16　供电电源电压检查项目

检查项目	端子	正常数值
相间电压	1～3、3～5、5～1	（0.85～1.1）×标称电压（380～400V）
与保护地线之间电压 （E 相接地）	1～E、3～E、5～E	（0.85～1.1）×标称电压（220～250V）

（4）缺项检查　缺项检查项目见表 8-17。

表 8-17　缺项检查项目

检查项目	检查内容
检查电缆线的配线	确认电缆线是否正常，若有配线错误及断线，应更正处理
检查输入电源	使用万用表检查输入电源的相间电压
检查断路器有无损坏	打开控制电源，用万用表检查断路器的相间电压是否正常，如有异常，应更换断路器

（5）急停按钮的维护保养　控制柜前门及示教器上均有急停按钮，见图 8-12。通电前必须确认两处急停按钮是否能正常工作。

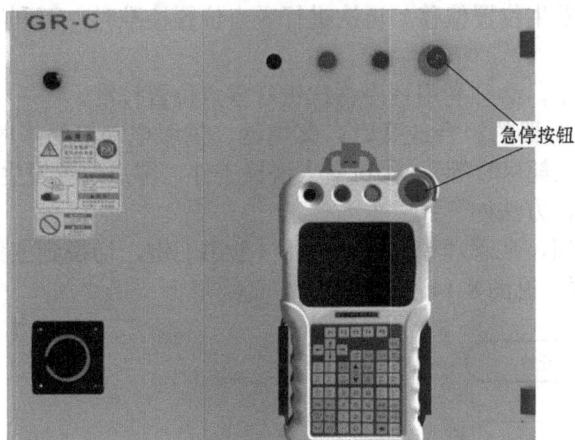

图 8-12　急停按钮

2. 示教器的维护保养

示教器的维护保养项目见表 8-18。

表 8-18　示教器的维护保养项目

维护设备	维护项目	维护间隔时间	是否正常
示教器	检查按键的有效性	每天	
	检查急停回路是否正常		
	检查显示屏是否正常显示		
	检查触摸功能是否正常		
	检查程序备份和重新导入功能是否正常		
	检查有无灰尘、污渍等		

任务4　掌握工业机器人零部件的更换

任务描述

工业机器人零部件的更换是机器人维护保养过程中的常见操作，这里以广州数控设备有限公司生产的 RH 08 型工业机器人为例进行介绍。学生应掌握工业机器人零部件的更换步骤并能熟练操作。本任务的逻辑结构如下：

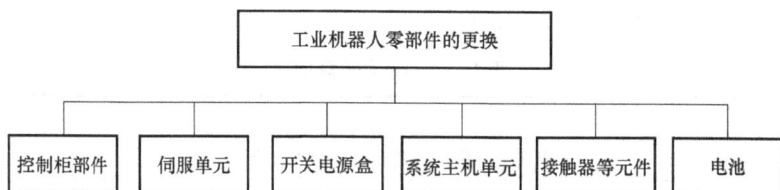

```
            工业机器人零部件的更换
   ┌──────┬──────┬──────┬──────┬──────┬──────┐
控制柜部件  伺服单元  开关电源盒  系统主机单元  接触器等元件  电池
```

相关知识

工业机器人零部件更换步骤见图 8-13。

零点位置校准是将机器人位置与绝对编码器位置进行对照的操作。零点位置校准是在机器人出厂时进行的，但如果发生零点位置偏移，需再次进行校准。在更换部件前，需建立确认程序，确认零点位置是否发生位置偏移。再次进行零点位置校准时，可利用此程序对零点位置数据进行修正。

特别是在下列情况下，必须利用程序再次进行零点位置校准。

①机器人本体与控制器的组合改变时；②电池、伺服电动机更换时；③存储内存被删除时（更换主接口板、电池耗尽时等）；④机器人碰撞工件，零点位置发生偏移时。

零点位置校准的操作方法如下：

按下示教器急停按钮，在管理模式下，按下［TAB］键，切换到主菜单区，选择"系统设置"，打开零点设置页面，见图 8-14。

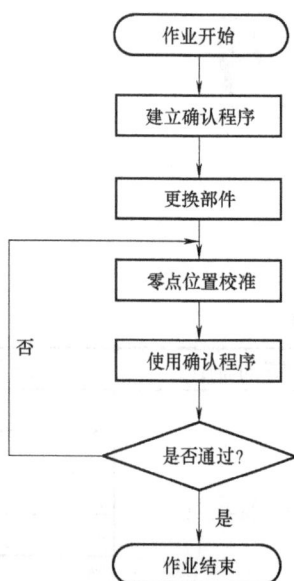

图 8-13　工业机器人零部件更换步骤

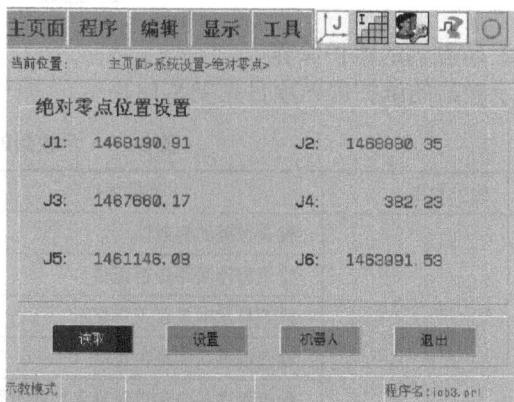

图 8-14　示教器零点设置页面

在该页面中，J1 ～ J6 显示的是上次设置的零点值，应按照以下步骤完成零点位置的设定。

1）按［坐标设定］键选择关节坐标系。

2）移动机器人到机械零点位置（绝对零点位置），即机器人本体上各轴正负向标记中间的三角标志对准的位置（或两边刻度尺中间刻度对齐，在一条直线上的位置），见图8-15。

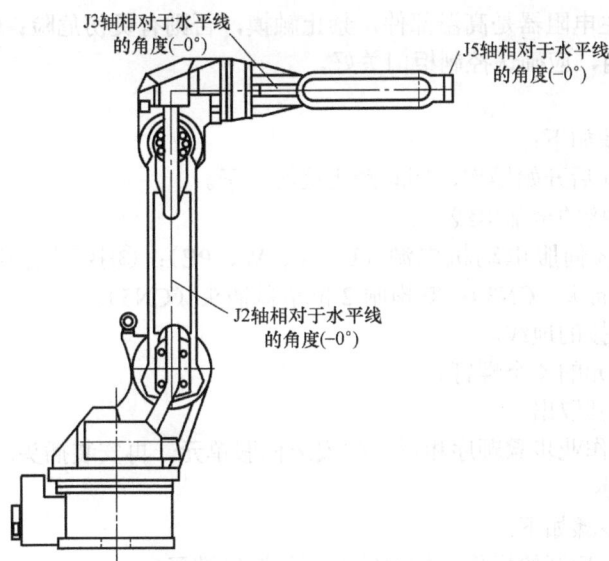

图 8-15 工业机器人的绝对零点位置姿态

3）通过按［TAB］键切换到［读取］，再按［选择］键，将读取当前各个关节的实际位置值。

4）按左右方向键，移动光标到［设置］，再按［选择］键，将完成零点位置的设定。

任务准备

工业机器人零部件更换所需工具和耗材见表8-19。

表 8-19 工业机器人零部件更换所需工具和耗材

序号	工具名称	规格型号	是否齐全
1	十字、一字槽螺钉旋具	1套	
2	内六角扳手	1套	
3	呆扳手	1套	
4	扭力扳手	1套	
5	万用表		
6	剥线钳		
7	斜口钳		
序号	耗材名称	规格型号	是否齐全
1	工业擦拭纸	310mm×345mm	
2	螺纹紧固剂	乐泰241	
3	抹布		

任务实施

1. 控制柜部件的更换

控制柜部件的更换要求如下：

①切断电源 5min 后再更换控制柜部件，更换期间，禁止触摸接线端子，否则有触电危险；②维修时，在总电源（刀开关、开关等）控制柜及有关控制箱处贴上"禁止通电""禁止合上电源"等警告牌；③再生电阻器是高温部件，禁止触摸，否则有烫伤危险；④维修结束后，不要将工具遗留在控制柜内，应确认控制柜门关好。

2. 伺服单元的更换

伺服单元的更换步骤如下：

1）关闭主电源 5min 后开始操作，期间禁止接触端子。

2）取下伺服单元连接的全部电线。

①3 相 AC 电源；②伺服电动机电源（U、V、W、PE）；③控制信号水晶插头（CN1、CN2）；④码盘信号高密插头（CN3）；⑤抱闸 2 位塑料插头（CN5）。

3）取下伺服单元连接的地线。

4）取下固定伺服单元的 4 个螺钉。

5）握住伺服单元将其取出。

6）安装作业与拆卸作业步骤顺序相反，先安装伺服单元，再安装插头。

3. 开关电源盒的更换

开关电源盒的更换步骤如下：

1）关闭主电源 5min 后开始操作，期间绝对不能接触端子。

2）取下开关电源盒的全部电线。包括 2 相 AC 电源，输出侧 +24V 直流电线（+24V，0V）。

3）取下接地线。

4）取下固定开关电源盒的 2 个螺钉。

5）握住开关电源盒将其取出。

6）安装作业与拆卸作业步骤顺序相反。

4. 系统主机单元的更换

系统主机单元的更换步骤如下：

1）关闭主电源 5min 后开始操作，期间绝对不能接触端子。

2）取下系统主机单元的全部电线。包括 2 相 DC 电源，输入 / 输出侧插头，控制信号网线插头（P1，P2）。

3）取下接地线。

4）取下固定主机单元的 4 个螺钉。

5）握住系统主机单元将其取出。

6）安装作业与拆卸作业步骤顺序相反。

5. 接触器等元件的更换

接触器等部件的更换步骤如下：

1）关闭主电源 5min 后开始操作，期间绝对不能接触端子。

2）取下接触器等电气元件的全部电线，包括 3 相 AC 黑色多股线，线圈控制线。

3）握住接触器用一字槽螺钉旋具翘起下面的白色卡子将其取出。

4）安装作业与拆卸作业步骤顺序相反。

6. 电池的更换

当电池电量不足报警或使用 1000h 后，必须立即更换电池，以防止数据丢失。电池的安装位置见图 8-16。

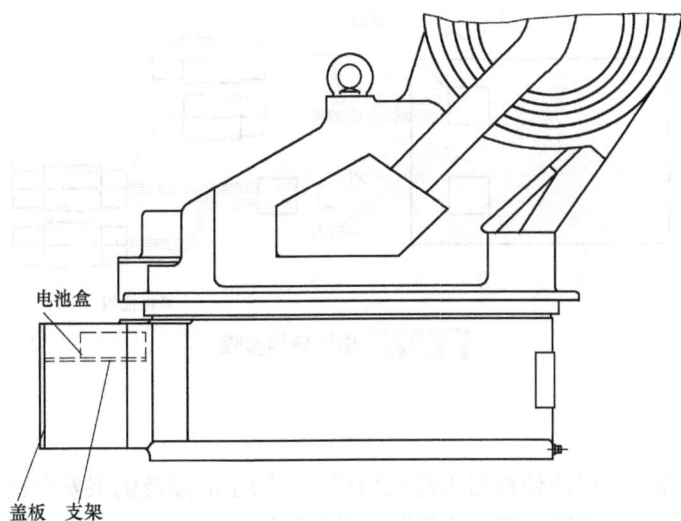

a) 电池盒、盖板及支架位置

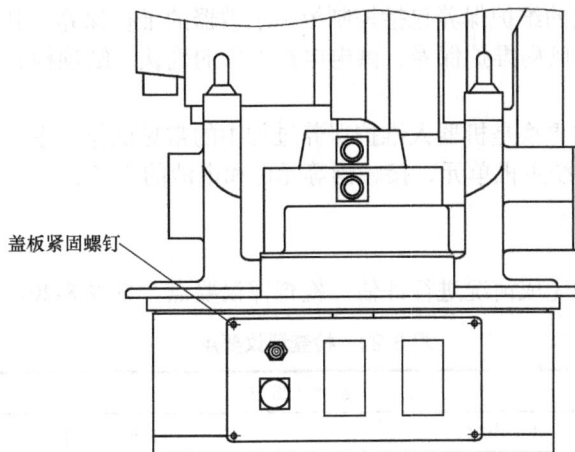

b) 盖板紧固螺钉位置

图 8-16　工业机器人上的电池位置

电池的更换步骤如下：
1）关闭主电源。
2）拆下盖板，拉出电池组，以便更换。
3）把电池组从支架上取下。
4）把新电池组插在支架空闲的插座上，见图 8-17。
5）拔下旧电池组（为防止数据丢失，必须先连接新电池组，再拆旧电池组），见图 8-17。
6）把新电池组安装到支架上。
7）重新装好盖板（安装盖板时，注意不要挤压电缆）。
8）旧电池应妥善处理，以免造成污染。

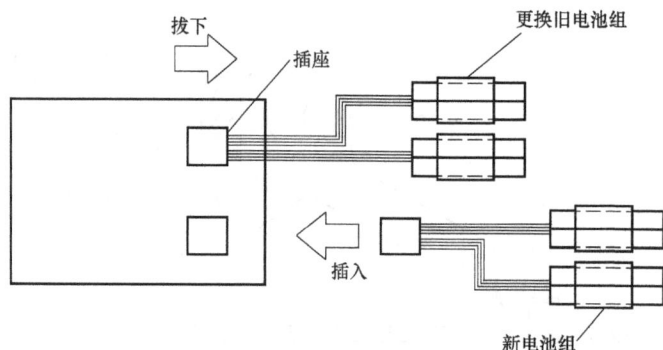

图 8-17　电池更换步骤

项目小结

正确的维护作业，不仅能使机器人经久耐用，对防止故障及确保安全也是必不可少的，应遵照规范的维护间隔和维护项目对工业机器人进行维护保养。

工业机器人机械结构的维护保养主要是对各个机械臂进行油脂的补充和更换，包括 J1 ～ J6 轴减速器油脂补充和更换、J4 轴十字交叉滚子轴承油脂补充、J6 轴齿轮箱油脂补充。

工业机器人电气系统的维护保养包括控制柜和示教器的维护保养，其中控制柜的维护保养包括控制柜身维护保养、风扇维护保养、供电电源电压的确认、缺项检查和急停按钮的维护保养等。

工业机器人零部件的更换是机器人维护保养过程中的常见操作，主要包括控制柜部件、伺服单元、开关电源盒、系统主机单元、接触器等元件和电池的更换。

检查评议

请各小组对本项目的完成情况进行评估，检查评议要点。见表 8-20。

表 8-20　检查评议要点

基本素养（28 分）				
序号	评估内容	自评	互评	师评
1	纪律（无迟到、早退、旷课）（10 分）			
2	参与度、团队协作能力（10 分）			
3	安全规范操作（8 分）			
技能操作（72 分）				
序号	评估内容	自评	互评	师评
1	工业机器人的检修项目一览表（4 分）			
2	J1 轴减速器油脂补充和更换（4 分）			
3	J2 轴减速器油脂补充和更换（4 分）			
4	J3 轴减速器油脂补充和更换（4 分）			
5	J4 轴减速器油脂补充（4 分）			
6	J4 轴十字交叉滚子轴承油脂补充（4 分）			
7	J5 和 J6 轴减速器油脂补充（4 分）			

（续）

<table>
<tr><td colspan="5" align="center">技能操作（72 分）</td></tr>
<tr><td>序号</td><td>评估内容</td><td>自评</td><td>互评</td><td>师评</td></tr>
<tr><td>8</td><td>J6 轴齿轮箱油脂补充（4 分）</td><td></td><td></td><td></td></tr>
<tr><td>9</td><td>控制柜身维护保养（4 分）</td><td></td><td></td><td></td></tr>
<tr><td>10</td><td>风扇的维护保养（4 分）</td><td></td><td></td><td></td></tr>
<tr><td>11</td><td>供电电源电压的确认（4 分）</td><td></td><td></td><td></td></tr>
<tr><td>12</td><td>缺项检查（4 分）</td><td></td><td></td><td></td></tr>
<tr><td>13</td><td>急停按钮的维护保养（4 分）</td><td></td><td></td><td></td></tr>
<tr><td>14</td><td>伺服单元的更换（4 分）</td><td></td><td></td><td></td></tr>
<tr><td>15</td><td>开关电源盒的更换（4 分）</td><td></td><td></td><td></td></tr>
<tr><td>16</td><td>系统主机单元的更换（4 分）</td><td></td><td></td><td></td></tr>
<tr><td>17</td><td>接触器等元件的更换（4 分）</td><td></td><td></td><td></td></tr>
<tr><td>18</td><td>电池的更换（4 分）</td><td></td><td></td><td></td></tr>
<tr><td colspan="2" align="center">综合评价</td><td></td><td></td><td></td></tr>
</table>

巩固和提高

思考题

1）简述工业机器人减速器油脂补充步骤。

2）简述工业机器人减速器油脂更换步骤。

3）简述工业机器人电池更换步骤。

Chapter 9

项目 9

工业机器人的故障排查

学习目标

1）熟悉工业机器人的维修注意事项。
2）熟悉工业机器人常见机械故障现象，能进行原因分析并熟练维修。
3）熟悉工业机器人常见电气故障现象，能进行原因分析并熟练维修。
4）熟悉工业机器人常见伺服报警的原因分析和处理方法。

任务 1　熟悉工业机器人的维修注意事项

任务描述

工业机器人的维修应严格按照产品的使用说明书进行。学生应掌握对工业机器人进行维修时的注意事项。本任务的逻辑结构如下：

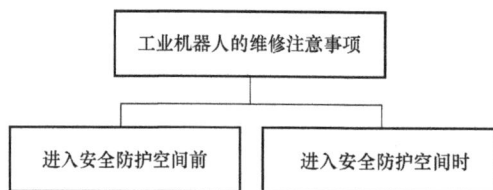

```
        工业机器人的维修注意事项
        ┌──────────┴──────────┐
   进入安全防护空间前      进入安全防护空间时
```

相关知识

1. 进入安全防护空间前

当机器人已上电，要求维修人员进入安全防护空间内进行维修时，应先做到下述几点：对机器人系统进行目视检查，以判断是否存在可能引起误动作的条件；为确保示教器能进行正常操作，使用前应进行功能测试；若发现某些故障或可能引起误动作的情况，则维修人员在进入安全防护空间之前应进行排除或修复。

2. 进入安全防护空间时

在安全防护空间内，维修人员应拥有机器人或机器人系统总的控制权，且做到如下几点：机器人控制应脱离自动操作状态；机器人应不能响应任何远程控制信号；所有机器人系统的急停装置应保持有效；起动机器人系统进入自动操作状态前，应恢复暂停作用的安全防护装置的功效。

任务 2　掌握工业机器人的机械故障排查

任务描述

熟悉工业机器人常见的 4 种机械故障，并能进行故障原因的分析和处理。本任务的逻辑结构如下：

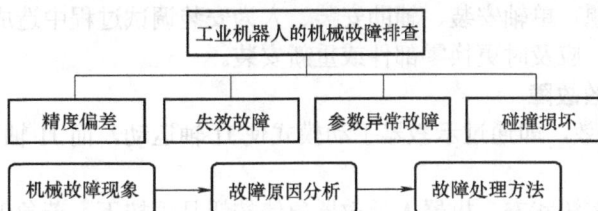

```
                    工业机器人的机械故障排查
   ┌──────────┬──────────┬──────────┬──────────┐
 精度偏差      失效故障    参数异常故障    碰撞损坏

 机械故障现象  →  故障原因分析  →  故障处理方法
```

任务准备

工业机器人机械故障排查所需的工具、工装和耗材见表 9-1。

表 9-1　工业机器人机械故障排查所需的工具、工装和耗材

序号	工具名称	规格型号	是否齐全
1	十字、一字槽螺钉旋具	1 套	
2	内六角扳手	1 套	
3	呆扳手	1 套	
4	扭力扳手	1 套	
5	游标卡尺		
6	深度尺		
7	吹气枪		
8	黄油枪		
9	锤子		
10	手动压力机		
11	挡圈装卸钳		
12	剥线钳		
13	斜口钳		
序号	工装名称	数量	是否齐全
1	垫木（100mm×200mm×200mm）	1	
2	轴承压套		
3	交叉滚子轴承压套		
4	锥齿轮压入套		
5	轮带张紧力检具		
序号	耗材名称	规格型号	是否齐全
1	工业擦拭纸	310mm×345mm	
2	螺纹紧固剂	乐泰 241	
3	密封胶	5699	
4	润滑脂	RE N0.00	

任务实施

下面列举工业机器人常见的 4 种机械故障。

1. 工业机器人精度偏差故障

初次使用机器人时，通过编程使机器人运行到指定焊接点位置，观察其各轴运动状态。当运行过程中出现抖动，存在精度偏差，无法运动到指定点时，其主要原因如下：

（1）本身精度问题　机器人本身零部件精度未达标所致。

（2）安装调试问题　单轴安装、辅助安装、人为安装调试过程中造成误差。

发生以上问题时，应及时更换零部件或重新安装。

2. 工业机器人失效故障

如机器人 J1 轴失效，即通过示教器手动模式使 J1 轴运动，而 J1 轴无法进行相关运动时，其主要原因如下：

（1）示教器急停按钮状态　机器人示教器急停按钮是否按下，若急停按钮未被按下，则继续检查其他问题。

（2）机器人整机问题　通过其他轴运动排除机器人整机问题，若其他轴运动，则故障在 J1 轴上。

（3）电动机温度过高　检查电动机温度，如有发热且温度有发烫的感觉，说明电动机过载损坏，需更换电动机。让 J1 轴运转的同时，观察电动机输出信号，若信号正常，说明电动机正常工作。

（4）轴卡死　检查 J1 轴是否卡死，将固定在 J1 轴上的三根螺钉拧下，拆除 J1 轴电动机，手动旋转检查 J1 轴是否有卡顿现象，如有卡顿，则需将机器人整体拆除，重新安装调试。

3. 工业机器人参数异常故障

当机器人运行过程中出现卡顿、抖动、失步等现象时，应检查示教器各个参数设置页面。

（1）检查速度设置页面　将系统速度重新调整，避免低档高速引起抖动。

（2）检查机器人各轴正向与负向极限设置页面　根据机器人各轴参数，正确设置机器人各轴正向与负向极限。

4. 工业机器人碰撞损坏

对于人为因素所导致的机器人机械零件出现碰撞变形等损坏，应及时对零件进行更换，否则继续使用会影响机器人精度，造成其他重大损失。损坏零件更换完成后，应进行试运行，检查运行状态。

任务 3　掌握工业机器人的电气故障排查

任务描述

熟悉工业机器人常见的 4 种电气故障现象，并能进行故障原因的分析和处理。本任务的逻辑结构如下：

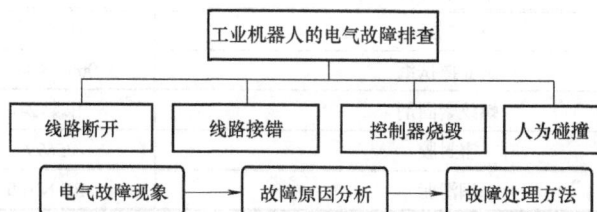

任务准备

工业机器人电气故障排查所需的工具和耗材见表 9-2。

表 9-2　工业机器人电气故障排查所需的工具和耗材

序号	工具名称	规格型号	是否齐全
1	十字、一字槽螺钉旋具	1 套	
2	内六角扳手	1 套	
3	呆扳手	1 套	
4	万用表		
5	剥线钳		
6	斜口钳		
序号	耗材名称	规格型号	是否齐全
1	工业擦拭纸	310mm×345mm	
2	螺纹紧固剂	乐泰 241	

任务实施

下面列举 4 种常见的机器人电气故障。

1. 工业机器人线路断开

电源送电后，示教器黑屏无法显示。当发现此类现象时，有可能发生机器人线路断开故障，见图 9-1。检修方法如下：

①电源断电，打开控制柜门；②检查控制柜内线路是否异常，着重检查断路器及供电元件；③检查后发现断路器连接线上方有一根线断开；④确认断路器断电，也可使用验电器检测；⑤确认断电后，将断开线路拆除；⑥将新的线路进行连接；⑦线路接好后，关闭控制柜并锁好；⑧断路器通电后，观察设备状态。当示教器正常显示时，维修完毕。

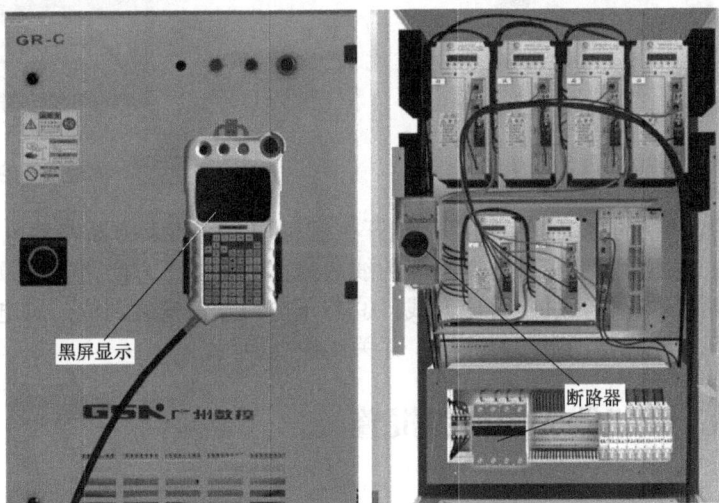

黑屏显示

断路器

图 9-1　机器人线路断开故障检查

2. 工业机器人线路接错

当确认机器人机械部分无故障时，发生机器人任意两轴，如 J1 与 J3 轴机械臂无动作现象，可能发生机器人线路接错。检修方法如下：

①断路器断电，移开示教器，打开控制柜检查电气部分；②检查所有控制线路；③检查后发现控制器 J1 轴、J3 轴并联的 K、S 线接反；④确认设备已断电后，将两根接错的线路拆除，重新连接至正确的接口，见图 9-2；⑤重新连接后，将控制柜门关闭；⑥断路器送电，进行机器人动作检验，如机械臂正常运行，则故障排除。

3. 工业机器人轴控制器烧毁

如当机器人运作过程中发生 J1 轴控制器烧毁时，检修方法如下：

①将断路器断电，移开示教器后，打开控制柜；②首先确认 J1 轴控制器已断电，可使用万用表或验电器检查；③将 J1 轴相关线路全部拆除，同时将与控制器有干涉的其他线路进行拆除或整理；④小心拆除 J1 轴控制器；⑤安装新的 J1 轴控制器；⑥连接 J1 轴线路及其他被拆除的线路；⑦调试 J1 轴控制器。观察控制器有无异常，如正常将主电源断电；⑧关闭控制柜门，故障检修完毕。

4. 工业机器人人为碰撞

当机器人运行过程中，因安全门未完全关闭时，由于外力将控制柜内电源撞坏，导致电源短路并将两处断路器烧毁，见图 9-3。检修方法如下：

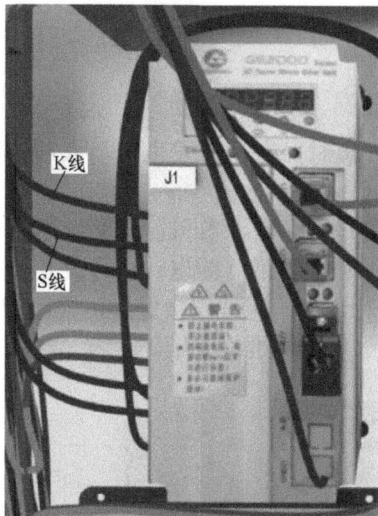

图 9-2 拆除线路重新连接

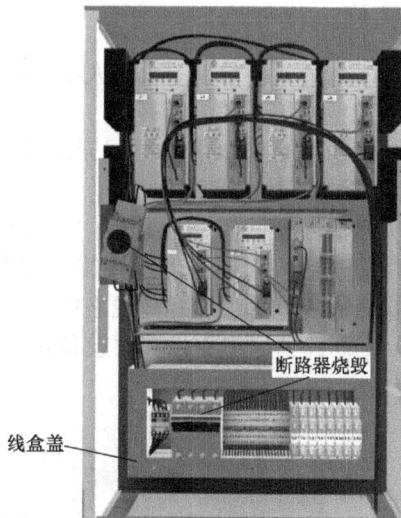

图 9-3 更换烧毁的断路器

①将厂房内控制柜的主电源断电；②打开控制柜门；③将上方断路器电源线拆除；④拆除损毁的断路器；⑤拆除控制柜下方断路器的线盒盖；⑥拆除下方断路器电源线；⑦拆除下方断路器；⑧更换两处断路器，并接好电源线；⑨将下方线盒盖安装到位；⑩电源依次送电，检查使用状态，如工作无异常，则检修完毕，并关闭控制柜门。

任务 4　熟悉工业机器人的伺服报警

任务描述

当工业机器人发生某些故障时，系统会进行伺服报警，提醒操作者进行故障排查。这里以广州数控设备有限公司生产的 RH 08 型工业机器人为例进行介绍。学生应熟悉常见伺服报警的相关处理方法。本任务的逻辑结构如下：

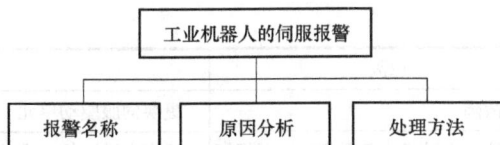

```
              工业机器人的伺服报警
        ┌──────────┼──────────┐
    报警名称      原因分析      处理方法
```

任务实施

常见的伺服报警及相应的原因和处理方法见表 9-3。

表 9-3 伺服报警原因和相关处理方法

序号	报警名称	原因	处理方法
1	超速	控制电路板故障；编码器故障	更换伺服驱动单元；更换伺服电动机
		输入指令脉冲频率过高	正确设定输入指令脉冲频率
		加/减速时间常数太小，使速度超调量过大	增大加/减速时间常数
		输入电子齿轮比太大	正确设置
		编码器故障	更换伺服电动机
		编码器电缆不良	更换编码器电缆
		伺服系统不稳定，引起超调	重新设定有关增益；如果增益不能设置到合适值，则减小负载转动惯量比率
		负载惯量过大	减小负载惯量；更换更大功率的驱动单元和电动机
		编码器零点错误	更换伺服电动机；请厂家重调编码器零点
		电动机 U、V、W 引线接错；编码器电缆引线接错	正确接线
2	主电路过电压	电路板故障	更换伺服驱动单元
		电源电压过高；电源电压波形不正常	检查供电电源
		制动电阻接线断开	重新接线
		制动晶体管损坏；内部制动电阻器损坏	更换伺服驱动单元
		制动回路容量不够	①降低起停频率；②增加/减速时间常数；③减小转矩限制值；④减小负载惯量；⑤更换更大功率驱动单元和电动机
3	主电路欠电压	①电路板故障；②电源熔丝损坏；③软起动电路故障；④整流器损坏	更换伺服驱动单元
		电源电压低；临时停电 20ms 以上	检查供电电源
		电源容量不够；瞬时掉电	
		散热器过热	检查负载情况
4	位置超差	电路板故障	更换伺服驱动单元
		电动机 U、V、W 引线接错；编码器电缆引线接错	正确接线
		编码器故障	更换伺服电动机
		设定位置超差检测范围太小	增加位置超差检测范围
		位置比例增益太小	增加位置比例增益
		转矩不足	检查转矩限制值；减小负载容量；更换更大功率的驱动单元和电动机
		指令脉冲频率太高	降低指令脉冲频率

（续）

序号	报警名称	原因	处理方法
5	电动机过热	电路板故障	更换伺服驱动单元
		电缆断线；电动机内部温度继电器损坏	检查电缆；检查电动机
		电动机过负载	①减小负载；②降低起停频率；③减小转矩限制值；④减小有关增益；⑤更换更大功率的驱动单元和电动机
		电动机内部故障	更换伺服电动机
6	速度放大器饱和故障	电动机被机械卡死	检查负载机械部分
		负载过大	减小负载；更换更大功率的驱动单元和电动机
7	驱动禁止异常	CCW、CW 驱动禁止输入端子都断开	检查接线、输入端子用电源
8	位置偏差计数器溢出	电动机被机械卡死；输入指令脉冲异常	检查负载机械部分；检查指令脉冲；检查电动机是否接指令脉冲转动
9	编码器故障	编码器接线错误	检查接线
		编码器损坏	更换电动机
		编码器电缆不良	更换电缆
		编码器电缆过长，造成编码器供电电压偏低	缩短电缆；采用多芯并联供电
10	控制电源欠电压	输入控制电源偏低	检查控制电源
		驱动单元内部接插不良；开关电源异常；芯片损坏	更换驱动单元；检查接插件；检查开关电源
11	IPM 模块故障	电路板故障	更换伺服驱动单元
		供电电压偏低；过热	检查驱动单元；重新上电；更换驱动单元
		驱动 U、V、W 之间短路	检查接线
		接地不良	正确接地
		电动机绝缘损坏	更换电动机
		受到干扰	增加线路滤波器；远离干扰源
12	过电流	驱动单元 U、V、W 之间短路	检查接线
		接地不良	正确接地
		电动机绝缘损坏	更换电动机
		驱动单元损坏	更换驱动单元
13	过负载	电路板故障	更换伺服驱动单元
		超过额定转矩运行	①检查负载；②降低起停频率；③减小转矩限制值；④更换大功率的驱动单元和电动机
		保持制动器没有打开	检查保持制动器
		电动机不稳定振荡	调整增益；增加减速时间；减小负载惯量
		U、V、W 有一相断线；编码器接线错误	检查接线
14	制动故障	电路板故障	更换伺服驱动单元
		制动电阻器接线断开	重新接线
		制动晶体管损坏；内部制动电阻器损坏	更换损坏元器件
		制动回路容量不够	①降低起停频率；②增加加/减速时间常数；③减小转矩限制值；④减小负载惯量；⑤更换更大功率的驱动单元和电动机
		主电路电源电压过高	检查主电源

（续）

序号	报警名称	原因	处理方法
15	编码器计数错误	编码器损坏	更换电动机
		编码器接线错误	检查接线
		接地不良	正确接地
16	制动时间过长	输入电源电压长时间过高	接入满足伺服单元工作要求的电源
		无制动电阻器或制动电阻器偏大，制动过程中，能量无法及时释放，造成内部直流电压的升高	连接正确的制动电阻器
17	直流母线电压过高，却没有制动反馈	制动电路故障	更换伺服单元
18	直流母线电压没有达到制动阀值时，却有制动反馈		
19	EEROM 错误	芯片或电路板损坏	更换伺服驱动单元；修复后，必须重新设置驱动单元型号（参数 No.1），然后再恢复默认参数
20	电源断相报警	三相输入电源断相	检查输入电源
21	A-D 转换错误	放大器存在问题；电流传感器损坏	更换伺服驱动单元
22	多圈数据错误	在主电源上电期间，由于绝对编码器数据异常引起	重启伺服初始化绝对编码器使报警复位
23	外部电池错误	外部电池低于 2.5V；绝对值编码器误动作	更换外部电池；更换伺服电动机；重新设置零点位置
24	外部电池报警	外部电池低于 3.1V	更换外部电池
25	电动机型号不匹配	驱动单元保存的电动机型号与当前使用的电动机型号不一致	重新设置相应的电动机型号，恢复默认参数，断电重启
26	码盘数据 CRC 校验错误	在编码器的内存检查中发现异常	重启以初始化编码器；重新向编码器写入电动机型号；若频繁发生则需要更换伺服电动机
		通信芯片或电路板损坏	更换伺服驱动单元
27	绝对位置数据异常报警	因干扰影响通信质量，导致数据传输错误	检查调整编码器周围配线
		编码器故障	若频繁发生，则更换伺服电动机
28	编码器 Z 脉冲丢失	①Z 脉冲不存在，编码器损坏；②电缆不良；③电缆屏蔽不良；④屏蔽地线未连好；⑤编码器接口电路故障	更换编码器；检查编码器接口电路
29	编码器 U、V、W 信号错误	①编码器 U、V、W 信号损坏；②编码器 Z 信号损坏；③电缆不良；④电缆屏蔽不良；⑤屏蔽地线未连好；⑥编码器接口电路故障	
30	编码器 U、V、W 信号非法编码	①编码器 U、V、W 信号损坏；②电缆不良；③电缆屏蔽不良；④屏蔽地线未连好；⑤编码器接口电路故障	
31	总线通信异常	网线松动，接触不良；控制板内通信芯片损坏	检查网线连接是否正常，否则更换控制网线；更换伺服驱动单元

（续）

序号	报警名称	原因	处理方法
32	散热器高温报警	电动机长时间过载运行	减轻负载
		环境温度过高	改善通风条件
		伺服单元损坏	更换伺服单元
33	三相主电源掉电	三相主电源掉电或瞬时跌落	检查主电源，确保有正确的三相电压输入
		三相主电源检测电路故障	更换伺服单元
34	读写绝对式码盘 EEPROM 超时	编码器电缆不良	换电缆
		通信芯片或电路板损坏	更换伺服控制板

项目小结

机器人的维修应严格按照产品的使用说明书进行。当机器人已上电，要求维修人员进入安全防护空间内进行维修时，应完成进入安全防护空间前所规定的步骤，在安全防护空间内的维修人员应拥有机器人或机器人系统总的控制权。

工业机器人常见机械故障有精度偏差、失效、参数异常、碰撞损坏等。常见的电气故障有线路断开、线路接错、控制器烧毁和人为碰撞等。

当工业机器人发生某些故障时，系统会进行伺服报警，提醒操作者进行故障排查。

检查评议

请各小组对本项目的完成情况进行评估，检查评议要点见表 9-4。

表 9-4　检查评议要点

基本素养（30分）				
序号	评估内容	自评	互评	师评
1	纪律（无迟到、早退、旷课）（10分）			
2	参与度、团队协作能力（10分）			
3	安全规范操作（10分）			
知识理论（10分）				
序号	评估内容	自评	互评	师评
1	工业机器人的维修注意事项（10分）			
技能操作（60分）				
序号	评估内容	自评	互评	师评
1	精度偏差故障排查（6分）			
2	失效故障排查（6分）			
3	参数异常故障排查（6分）			
4	碰撞损坏排查（6分）			
5	线路断开排查（6分）			
6	线路接错排查（6分）			
7	控制器烧毁排查（6分）			
8	人为碰撞排查（6分）			
9	伺服报警的处理（12分）			
综合评价				

巩固和提高

思考题

1）工业机器人运行过程中精度出现偏差，请简述可能的原因。

2）当工业机器人运行过程中出现卡顿、抖动、失步等现象时，请简述可能的原因。

3）电源送电后，示教器黑屏无法显示，请简述可能的原因及检修方法。

4）简述机器人轴控制器烧毁时的检修方法。

参 考 文 献

[1] 邱庆.工业机器人拆装与调试 [M].武汉：华中科技大学出版社，2016.

[2] 王保军.工业机器人基础 [M].武汉：华中科技大学出版社，2015.

[3] 孙树栋.工业机器人技术基础 [M].西安：西北工业大学出版社，2006.

[4] 刘文波，陈白宁，段智敏.工业机器人 [M].沈阳：东北大学出版社，2007.

[5] 郭洪红.工业机器人运用技术 [M].北京：科学出版社，2008.

[6] 吴振彪，王正家.工业机器人 [M].2 版.武汉：华中科技大学出版社，2006.

[7] 韩建海.工业机器人 [M].3 版.武汉：华中科技大学出版社，2015.

[8] 张培艳.工业机器人操作与应用实践教程 [M].上海：上海交通大学出版社，2009.

[9] 肖南峰.工业机器人 [M].北京：机械工业出版社，2011.

[10] 蒋刚，龚迪琛，蔡勇，等.工业机器人 [M].成都：西南交通大学出版社，2011.

[11] 郭洪红.工业机器人技术 [M].3 版.西安：西安电子科技大学出版社，2016.

[12] 兰虎.工业机器人技术及应用 [M].北京：机械工业出版社，2014.